Prof. G. Mani Sankar
Dr. S. Muthu Vijaya Pandian
Dr. M. Muthukrishnaveni

Redes de comunicação 4G/5G

Prof. G. Mani Sankar
Dr. S. Muthu Vijaya Pandian
Dr. M. Muthukrishnaveni

Redes de comunicação 4G/5G

ScienciaScripts

Imprint

Any brand names and product names mentioned in this book are subject to trademark, brand or patent protection and are trademarks or registered trademarks of their respective holders. The use of brand names, product names, common names, trade names, product descriptions etc. even without a particular marking in this work is in no way to be construed to mean that such names may be regarded as unrestricted in respect of trademark and brand protection legislation and could thus be used by anyone.

Cover image: www.ingimage.com

This book is a translation from the original published under ISBN 978-620-7-46358-9.

Publisher:
Sciencia Scripts
is a trademark of
Dodo Books Indian Ocean Ltd. and OmniScriptum S.R.L publishing group

120 High Road, East Finchley, London, N2 9ED, United Kingdom
Str. Armeneasca 28/1, office 1, Chisinau MD-2012, Republic of Moldova, Europe
Printed at: see last page
ISBN: 978-620-7-24243-6

Copyright © Prof. G. Mani Sankar, Dr. S. Muthu Vijaya Pandian, Dr. M. Muthukrishnaveni
Copyright © 2024 Dodo Books Indian Ocean Ltd. and OmniScriptum S.R.L publishing group

CEC331 REDES DE COMUNICAÇÃO 4G / 5G L T P C

2 0 2 3

OBJECTIVOS DO CURSO
- Conhecer a evolução das redes sem fios.
- Para se familiarizar com os fundamentos das redes 5G.
- Estudar os processos associados à arquitetura 5G.
- Estudar a partilha do espetro e o comércio do espetro.
- Para conhecer as características de segurança das redes 5G.

Índice

UNIDADE I: EVOLUÇÃO DAS REDES SEM FIOS 4

UNIDADE II: CONCEITOS E DESAFIOS DAS 5G 45

UNIDADE III: ARQUITECTURA DE REDE E PROCESSOS 83

UNIDADE IV: GESTÃO DINÂMICA DO ESPECTRO E ONDAS MM 148

UNIDADE V: SEGURANÇA NAS REDES 5G 197

Características de segurança em redes 5G, segurança no domínio da rede, segurança no domínio do utilizador, quadro de QoS baseado em fluxos, atenuação das ameaças em 5G.

30 PERÍODOS

RESULTADOS DO CURSO

CO1: Compreender a evolução das redes sem fios. CO2: Aprender os conceitos das redes 5G.
CO3: Compreender a arquitetura e os protocolos 5G. CO4: Compreender a gestão dinâmica do espetro. CO5: Aprender os aspectos de segurança em redes 5G.

TOTAL DE 60 PERÍODOS

LIVROS DE TEXTO

Redes centrais 5G: Powering Digitalization, Stephen Rommer, Academic Press, 2019
1. Uma introdução às redes sem fios 5G: tecnologia, conceitos e casos de utilização, Saro Velrajan, primeira edição, 2020.

REFERÊNCIAS

1. 5G simplificado: ABCs das comunicações móveis avançadas Jyrki. T.J.Penttinen,Material protegido por direitos de autor.
2. Conceção do sistema 5G: An end to end Perspective, Wan Lee Anthony, Springer Publications,2019.

CO's-PO's & PSO's MAPEAMENTO

CO	PO1	PO2	PO3	PO4	PO5	PO6	PO7	PO8	PO9	PO10	PO11	PO12	PSO1	PSO2	PSO3
1	3	3	2	3	2	-	-	-	-	-	-	-	1	1	3
2	3	3	3	2	2	-	-	-	-	-	-	-	1	1	2
3	3	3	2	2	2	-	-	-	-	-	-	-	2	2	2
4	3	3	3	3	2	-	-	-	-	-	-	-	3	2	2
5	3	2	3	3	2	-	-	-	-	-	-	-	2	2	2
CO	3	2.8	2.6	2.6	2	-	-	-	-	-	-	-	1.8	1.6	2.2

1 - baixa, 2 - média, 3 - alta, '-' - sem correlação

CEC331 - REDES DE COMUNICAÇÃO 4G / 5G

UNIDADE I: EVOLUÇÃO DAS REDES SEM FIOS

Evolução das redes: 2G, 3G, 4G, evolução das redes de acesso via rádio, necessidade de 5G. 4G versus 5G, núcleo de próxima geração (NG-core), núcleo de pacotes evoluídos visualizado (vEPC).

CEC331 - REDES DE COMUNICAÇÃO 4G / 5G

Unidade - I: EVOLUÇÃO DAS REDES SEM FIOS

1. Introdução à evolução das redes sem fios

Atualmente, a tecnologia tornou-se parte integrante da nossa vida e alterou radicalmente o nosso estilo de vida. Com a penetração dos smartphones e a aplicação de serviços, estamos agora habituados a reservar carros, transferir dinheiro, encomendar comida e reservar os nossos bilhetes de avião, praticamente a partir de qualquer lugar - seja num parque ou num comboio em movimento. Podemos usufruir da maioria dos serviços em linha, com um simples clique num botão. Tudo isto é possível graças ao crescimento da infraestrutura de redes sem fios. Embora as redes sem fios tenham sido originalmente inventadas para ajudar as pessoas a comunicar umas com as outras utilizando a voz, e v o l u í r a m para transferir dados e suportar uma miríade de serviços.

As redes sem fios tornaram-se omnipresentes e aumentaram a sua capacidade ao longo dos anos, oferecendo maior largura de banda e suportando mais ligações.

Atualmente, as redes sem fios não estão apenas a ligar pessoas, mas também empresas e quase tudo no mundo. Neste capítulo, analisaremos a evolução das redes sem fios de 1G para 4G e compreenderemos a necessidade de redes 5G.

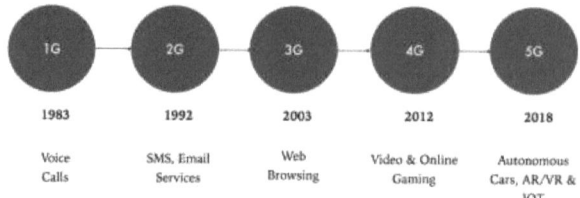

FIG. 1.1 - EVOLUÇÃO DAS REDES SEM FIOS

1.1 Evolução das redes

1.1.1 Redes 1G

FIGURE 1.2 - MOTOROLA DYNATAC PHONE

Em 1983, a rede sem fios de primeira geração (também designada por rede 1G) foi lançada nos EUA com o telemóvel Motorola DynaTAC. Mais tarde, a tecnologia 1G foi lançada noutros países, como o Reino Unido e o Canadá. A tecnologia 1G era essencialmente utilizada para efetuar chamadas de voz através da rede sem fios. A rede 1G baseava-se em normas de telecomunicações analógicas. As chamadas de voz na rede 1G eram transmitidas através de sistemas analógicos.

O Motorola DynaTAC 8000x é o primeiro telemóvel comercial utilizado para efetuar chamadas de voz analógicas. O telefone parecia quase um aparelho de telefone sem fios e pesava 1,75 lb.

Na 1G, o espetro estava dividido num certo número de canais, para que os utilizadores pudessem fazer chamadas de voz - cada utilizador recebe um canal. Isto limitava o número de utilizadores que podiam fazer chamadas de voz em simultâneo. A tecnologia 1G enfrentava outros problemas, como a fraca qualidade de voz (devido a interferências), os telemóveis eram enormes e tinham uma duração de bateria reduzida e a cobertura da rede era muito limitada. Foi esse facto que levou os investigadores a criarem as normas 2G. A principal diferença entre as redes 1G e 2G é o facto de a 1G utilizar normas analógicas e a 2G normas digitais.

Sistema 1G mais popular durante a década de 1980
- Sistema avançado de telefonia móvel (AMPS)
- Sistema Nórdico de Telefonia Móvel (NMTS)
- Sistema de comunicação de acesso total (TACS)
- Sistema Europeu de Comunicação de Acesso Total (ETACS)

Principais características (tecnologia) do sistema 1G
- Frequência 800 MHz e 900 MHz
- Largura de banda: 10 MHz (666 canais duplex com uma largura de banda de 30 KHz)
- Tecnologia: Comutação analógica
- Modulação: Modulação de frequência (FM)
- Modo de serviço: apenas voz

- Técnica de acesso: Acesso múltiplo por divisão de frequência (FDMA)

Desvantagens do sistema 1G
- Má qualidade de voz devido a interferências
- Má duração da bateria
- Telemóveis de grandes dimensões (não são fáceis de transportar)
- Menor segurança (as chamadas podem ser descodificadas com um desmodulador FM)
- Um número limitado de utilizadores e de cobertura celular
- O roaming não era possível entre sistemas semelhantes

1.1.2 Redes 2G

Em 1991, o organismo de normalização Global System for Mobile Communications (GSM) publicou as normas para a tecnologia 2G. A tecnologia 2G foi lançada em 1992 e tinha a capacidade de efetuar chamadas de voz através de sistemas digitais. Para além das chamadas de voz, a 2G também suportava serviços de mensagens curtas (SMS).

A rede 2G oferecia uma cobertura mais alargada em comparação com a rede 1G. Permitia que os utilizadores enviassem mensagens de texto uns aos outros, através de uma rede sem fios. A arquitetura da rede GSM tinha 2 camadas distintas - o subsistema da estação de base (BSS) e o subsistema de comutação de rede (NSS). O BSS tinha a estação de base e a função de controlo da estação de base. O NSS tinha os elementos da rede de base. Os elementos da rede de base no NSS eram responsáveis pela comutação das chamadas entre o telemóvel e outros utilizadores da rede fixa ou móvel. Além disso, os elementos da rede de base da SRN apoiavam a gestão dos serviços móveis, incluindo a autenticação e a itinerância. O Instituto Europeu de Normas de Telecomunicações (ETSI) estabeleceu o General Packet Radio Service (GPRS), uma norma de dados móveis baseada no Protocolo Internet (IP), como uma melhoria da tecnologia 2G. O novo serviço foi designado por 2,5G e oferecia um débito de dados de 56 - 114 Kbps. A tecnologia 2,5G acabou por se transformar em EDGE (Enhanced Data Rates for GSM Evolution) e era ideal para serviços de correio eletrónico. A tecnologia 2,5G resultou no crescimento de telemóveis como o Blackberry, que oferecia serviços de correio eletrónico móvel.

Principais características do sistema 2G
- O sistema digital (comutação)
- Os serviços SMS são possíveis
- O roaming é possível
- Segurança reforçada
- Transmissão de voz encriptada
- Primeira Internet com um débito de dados inferior
- Desvantagens do sistema 2G
- Baixa taxa de dados
- Mobilidade limitada
- Menos funcionalidades nos dispositivos móveis
- Número limitado de utilizadores e capacidade de hardware

1.1.3. Redes 3G

Os serviços celulares 3G foram lançados no ano de 2003. O 3G era muito mais avançado do que o 2G/2,5G e oferecia uma velocidade até 2 Mbps, suportando serviços baseados na localização e serviços multimédia. Era ideal para a navegação na Web. A Apple, que era conhecida por ser um fabricante de computadores, entrou no negócio dos equipamentos móveis ao lançar o iPhone, com o advento da 3G. O Android, o sistema operativo móvel de fonte aberta, tornou-se popular com a 3G.

Com a 3G, o grupo 3GPP normalizou o UMTS. O Universal Mobile Telecommunications System (UMTS) é um sistema móvel celular de terceira geração para redes baseadas na norma GSM. Desenvolvido e mantido pelo 3GPP (3rd Generation Partnership Project). O UMTS utiliza a tecnologia de acesso via rádio W-CDMA (wideband code division multiple access) para oferecer maior eficiência espetral e largura de banda aos operadores de redes móveis.

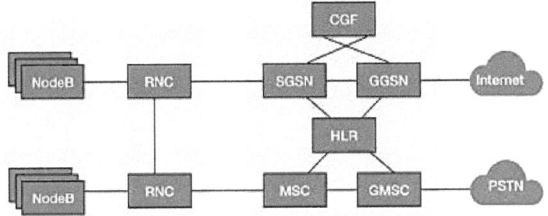

Radio Access Network   **Core Network**

FIG. 1.3 - ARQUITECTURA 3G

O UMTS especifica um sistema de rede completo, que inclui a rede de acesso via rádio (UMTS Terrestrial Radio Access Network, ou UTRAN), a rede de base (Mobile Application Part, ou MAP) e a autenticação dos utilizadores através de cartões SIM (Subscriber Identity Module).

A arquitetura da rede 3G tem três entidades distintas:

1. **Equipamento do utilizador (UE):** Na 2G, os aparelhos eram designados por telemóveis ou telefones celulares, dado que eram predominantemente utilizados para fazer chamadas de voz. No entanto, na 3G, os aparelhos podem suportar tanto serviços de voz como de dados. Assim, o termo equipamento do utilizador ou UE é utilizado para representar o dispositivo do utilizador final, que pode ser um telemóvel ou um terminal de dados.

2. **Rede de acesso via rádio (RAN):** A RAN, também conhecida por Rede de Acesso Rádio UMTS, UTRAN, é o equivalente ao anterior Subsistema de Estação de Base (BSS) do GSM. A RAN inclui a função NodeB e a função de controlo da rede de rádio (RNC). A função NodeB fornece a interface aérea. O RNC gere a interface aérea para toda a rede.

3. **Rede de base:** A rede de base é o equivalente ao Subsistema de Comutação de Rede ou NSS no GSM e fornece todo o processamento central e gestão do sistema. A rede de base tem elementos de rede comutados por circuitos e por pacotes. A arquitetura da rede de base 3G é constituída pelas seguintes funções

Registo de Localização Principal (HLR)

O HLR é uma base de dados que contém todas as informações sobre o assinante, incluindo a sua última localização conhecida. O HLR mantém um mapeamento entre o MSISDN (Mobile Station International Subscriber Directory Number) e a IMSI (International Mobile Subscriber Identity). O MSISDN é o número de telemóvel utilizado para fazer e receber chamadas de voz e SMS. O IMSI é utilizado para identificar de forma exclusiva um cartão SIM e o número é armazenado no cartão SIM. Cada rede pode ter um ou mais HLRs físicos ou lógicos. O equipamento do utilizador actualiza periodicamente os seus dados de localização para o HLR, para que as chamadas possam ser encaminhadas adequadamente para o utilizador. Dependendo da implementação, o HLR pode também ter um registo de identidade do equipamento (EIR) e um centro de autenticação (AuC) incorporados.

Registo de Identidade do Equipamento (EIR)

O EIR é a função que decide se um equipamento de utilizador é autorizado ou não a entrar na rede. A EIR está normalmente integrada no HLR. A EIR é utilizada para bloquear ou monitorizar as chamadas de um equipamento de utilizador roubado. Cada equipamento utilizador é identificado de forma única através de um número conhecido por International Mobile Equipment Identity (IMEI). O IMEI é trocado pelo equipamento do utilizador no momento do registo na rede. Assim, o EIR identifica um equipamento roubado através do seu IMEI.

Centro de autenticação (AuC)

A AuC é utilizada para armazenar uma chave secreta partilhada, que é gerada e gravada no cartão SIM no momento do fabrico. A função AuC é normalmente co-localizada com a função HLR. A AuC não troca a chave secreta partilhada, mas executa um algoritmo na Identidade Internacional de Assinante Móvel (IMSI), para gerar dados para autenticação de um assinante/equipamento de utilizador. Cada IMSI é único e é mapeado para um cartão SIM.

Centro de comutação móvel (MSC)

O MSC é responsável por funções como o encaminhamento de chamadas e mensagens SMS. Faz a interface com o HLR para manter o registo da localização do assinante e faz a transferência de chamadas, quando o assinante móvel se desloca de um local para outro.

Gateway MSC (GMSC) é uma função que está presente dentro ou fora do MSC. Um GMSC faz a interface com as redes externas, como a rede telefónica pública comutada (PSTN), que é a nossa antiga rede de linhas terrestres.

Nó de suporte GPRS de serviço (SGSN)

O SGSN é responsável pela gestão da mobilidade e pela autenticação dos assinantes/dispositivos móveis numa rede GPRS. Desempenha um papel semelhante ao desempenhado pelo MSC nas chamadas vocais. O SGSN e o MSC estão frequentemente co-localizados na rede.

Nó de suporte GPRS de gateway (GGSN)

O GGSN actua como uma porta de entrada para a Internet. Faz a ligação entre a rede GPRS e a rede de dados comutada por pacotes. O GGSN recebe os dados endereçados a um determinado assinante, verifica se o assinante está ativo e reencaminha-os para o SGSN que serve o assinante em c a u s a. Se o assinante estiver inativo, os dados são rejeitados. O GGSN mantém um registo dos assinantes activos e do SGSN a que estão ligados. O GGSN atribui um endereço IP único a cada assinante. Gera também os registos dos detalhes das chamadas (CDR), que são processados pela Charging Gateway Function (CGF) ou pelos servidores de faturação.

Função de gateway de carregamento (CGF)

O CGF trata os registos de detalhes de chamadas (CDRs) gerados pelo GGSN numa rede GPRS. Existem diferentes tipos de CDRs processados pela CGF, com base no nó da rede que gera o CDR. Por exemplo, quando um SGSN gera CDRs, este é designado por S-CDR. Quando um GGSN gera CDRs, é chamado de G-CDR. Uma das principais diferenças entre o S-CDR e o G-CDR é que o G-CDR teria informações sobre as transferências de dados do assinante (por e x e m p l o, o volume de dados carregados/descarregados pelo assinante).

A tecnologia 3G evoluiu ao longo do tempo para oferecer velocidades mais elevadas, suportando uma nova norma designada High Speed Packet Access (HSPA). Os fornecedores de serviços que ofereciam serviços 3G com suporte HSPA designavam os seus serviços por 3,5G ou 3G+. As redes 3,5G que suportavam as normas HSPA eram capazes de oferecer velocidades até 7 Mbps. Com a evolução da norma HSPA (também designada por Evolved HSPA), as redes 3G passaram a oferecer débitos até 42 Mbps.

Principais características do sistema 3G
- Taxa de dados mais elevada
- Videochamadas
- Segurança melhorada, mais utilizadores e cobertura

- Suporte de aplicações móveis
- Suporte de mensagens multimédia
- Localização e mapas
- Melhor navegação na Web
- Transmissão de TV
- Jogos 3D de alta qualidade

Desvantagens dos sistemas 3G
- Licenças de espetro dispendiosas
- Infra-estruturas, equipamento e implementação dispendiosos
- Requisitos de largura de banda mais elevados para suportar um débito de dados mais elevado
- Dispositivos móveis dispendiosos
- Compatibilidade com sistemas 2G e bandas de frequência da geração anterior

1.1.4 Redes 4G

Em 2012, foram lançados os serviços 4G, com velocidades até 12 Mbps. A 4G é uma rede totalmente IP (Internet Protocol) e resultou em grandes mudanças na rede de rádio e na arquitetura da rede principal.
Na rede 4G,

- a função de rádio baseia-se nas normas 3GPP da evolução a longo prazo (LTE) e
- a rede principal baseia-se nas normas 3GPP Evolved Packet Core (EPC)

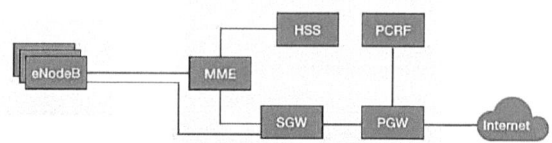

FIG. 1.4 - ARQUITECTURA 4G

Uma das alterações significativas introduzidas pelas normas LTE (Long Term Evolution) nas redes 4G é a alteração da funcionalidade da estação de base. Na 3G, os recursos de rádio eram controlados centralmente por um nó chamado Radio Network Controller (RNC). A LTE introduz uma nova função denominada Evolved NodeB (eNodeB), que gere os recursos de rádio e a mobilidade na célula.

Para satisfazer os requisitos da 4G LTE, as funções do eNodeB incluíam não só as funções da estação de base (NodeB) para terminar a interface de rádio, mas também as funções do controlador da rede de rádio (RNC) para gerir os recursos de rádio. Esta arquitetura é designada arquitetura Evolved UMTS Terrestrial RAN (E-UTRAN). Na arquitetura 3G, a função RAN incluía a estação de base (Nó B) e as antenas. Na arquitetura 4G LTE, a função da estação de base está dividida em duas funções principais - a unidade de banda base (BBU) e a cabeça de rádio remota (RRH). A RRH está ligada à BBU através de fibra ótica. A função BBU é deslocada do local da célula e alojada numa localização centralizada, designada por RAN centralizada. A função RRH (ou seja, a função de antena) é implantada mais perto dos utilizadores de uma forma distribuída. A arquitetura da RAN e a distribuição das RRH e das BBU são influenciadas por vários factores, como a qualidade do serviço, a latência, o débito, a densidade de utilizadores e a procura de carga.

Seguem-se os principais nós funcionais/elementos de rede da arquitetura LTE:

Nó B evoluído (eNB)

O eNodeB é a entidade que suporta a interface aérea e efectua a gestão dos recursos de rádio. Fornece funções de gestão dos recursos de rádio, como a compressão do cabeçalho IP, a encriptação dos dados do utilizador e o encaminhamento dos dados do utilizador para o Serving Gateway (SGW).

A interface rádio fornecida pelo eNodeB pode ser partilhada por vários operadores, bastando para tal que o MME, o SGW e a gateway PDN sejam separados.

Servidor de Assinante Doméstico (HSS)

O Home Subscriber Server (HSS) é uma base de dados que armazena o perfil do assinante e as informações de autenticação. O MME descarrega informações sobre o perfil do assinante a partir do HSS, quando um equipamento de utilizador/dispositivo móvel se liga à rede. O HSS também fornece as informações sobre o perfil do assinante à função central do subsistema multimédia IP (IMS), no momento do registo IMS.

Gateway de serviço (SGW)

O SGW serve de âncora de mobilidade para o plano do utilizador. Ocupa-se das transferências entre eNodeB e da mobilidade do equipamento do utilizador (UE) entre redes 3GPP. É responsável pelo encaminhamento/encaminhamento de pacotes de dados entre o eNodeB e o gateway de rede de dados de pacotes (PDN GW).

Gateway de rede de dados por pacotes (PGW)

O GW PDN fornece à UE conetividade com as redes externas de pacotes de dados, como a Internet. Serve de ponto de ancoragem para a mobilidade da rede intra-3GPP, bem como para a mobilidade entre redes 3GPP e não-3GPP. Ocupa-se da função de aplicação de políticas e de tarifação (PCEF), que inclui a qualidade do serviço (QoS), a geração de dados de tarifação baseados em fluxos em linha/offline, a inspeção profunda de pacotes e a interceção legal.

Entidade de Gestão da Mobilidade (MME)
A MME gere a mobilidade, as identidades dos UE e os parâmetros de segurança. Funciona no plano de controlo e fornece funções como a gestão de estados de sessão, a autenticação, a mobilidade com nós 3GPP 2G/3G e a itinerância.

Função de política e regras de tarifação (PCRF)
A função de política e regras de tarifação (PCRF) mantém os controlos relacionados com a política e a tarifação para todos os assinantes.

Por exemplo, a política de qualidade de serviço de um assinante é armazenada no servidor PCRF. A política de QoS pode diferir de serviço para serviço para cada assinante. A QoS para um portador IMS pode ser diferente da QoS para um portador Internet para o mesmo assinante. Estas diferenciações na QoS podem ser aplicadas através da definição de regras no servidor PCRF. Além disso, a PCRF também ajuda os fornecedores de serviços a fornecer serviços baseados na localização. A PCRF permite que um fornecedor de serviços estabeleça regras de tarifação baseadas no fluxo. Por exemplo, um serviço pode ser interrompido quando o limite de crédito para o serviço é atingido. Com velocidades de dados mais elevadas, a tecnologia 4G permitiu aos utilizadores verem vídeos de alta definição e jogarem jogos em linha. Ao longo do tempo, foram introduzidas várias melhorias na tecnologia 4G - o LTE-M (LTE Categoria M1 para máquinas) permitiu que dispositivos IOT de baixa potência se ligassem a redes 4G e as normas LTE-Advanced oferecem uma velocidade de rede até 300 Mbps.

Atualmente, a tecnologia 4G oferece uma velocidade de rede adequada para serviços de topo, como vídeo em linha, jogos e redes sociais. No entanto, não suporta as necessidades de largura de banda e latência de serviços como a realidade aumentada, a realidade virtual e os automóveis autónomos. Este facto abriu caminho à investigação da tecnologia 5G.

Principais características do sistema 4G
- Débito de dados muito mais elevado, até 1 Gbps
- Segurança e mobilidade reforçadas
- Latência reduzida para aplicações de missão crítica
- Fluxo de vídeo e jogos de alta definição
- Voz sobre a rede LTE VoLTE (utilização de pacotes IP para voz)

Desvantagens do sistema 4G
- Hardware e infra-estruturas dispendiosos
- Espectro dispendioso (na maioria dos países, as bandas de frequência são demasiado caras)
- São necessários dispositivos móveis topo de gama compatíveis com a tecnologia 4G, o que é dispendioso
- A implantação e atualização generalizadas são demoradas

1.1.5 Estabelecimento de ligação de dados 4G

Existem muitas semelhanças entre a forma como é estabelecida uma ligação de dados numa rede 3G e numa rede 4G. Esta secção descreve os procedimentos envolvidos no estabelecimento de uma ligação de dados entre o equipamento móvel e a rede 4G.

Quando um telemóvel é ligado, procura sinais das torres de telemóveis nas proximidades. Com base na Identidade Internacional de Assinante Móvel (IMSI) do cartão SIM, o telemóvel escolhe o fornecedor de serviços correto. O telemóvel solicita então um recurso de rádio ao eNodeB.

O eNodeB atribui um recurso rádio ao assinante móvel. A partir do momento em que o equipamento móvel obtém o recurso rádio, começa a visualizar a "barra de sinal" sem fios na consola.

Em seguida, o dispositivo móvel (também designado por equipamento do utilizador ou UE) envia um pedido de ligação à rede. O "Attach Request" chega ao MME (Mobility Management Entity) no Evolved Packet Core (EPC). O primeiro passo dado pelo EPC é autenticar o assinante com base nas credenciais do SIM. O MME recupera as informações sobre o perfil do assinante a partir do HSS/HLR. O MME emite um desafio (que inclui um conjunto de chaves cifradas) para a UE. A UE compara o desafio com as credenciais armazenadas no cartão SIM. A UE responde ao desafio com uma resposta de autenticação. O MME valida a resposta de autenticação com base nas informações de perfil obtidas do HSS/HLR. O assinante está agora autenticado.

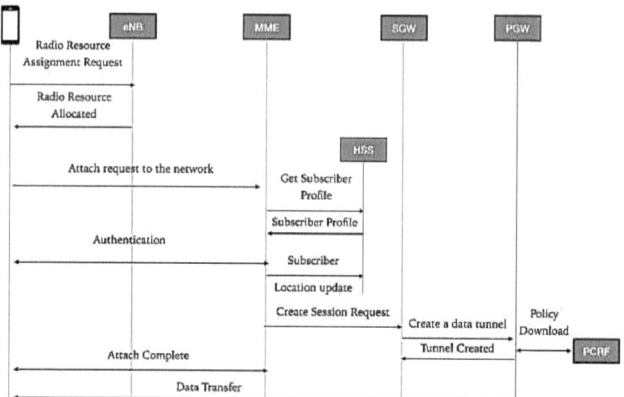

FIG. 1.5 - ESTABELECIMENTO DA LIGAÇÃO DE DADOS 4G

Uma vez autenticado o assinante móvel, o EPC procede ao processo de iniciação da sessão. O MME envia um "Pedido de criação de sessão" à Gateway de serviço.

A Gateway de Serviço estabelece um túnel com a Gateway PDN (PGW). Como parte do estabelecimento do túnel, o PGW descarrega informações de política do PCRF e aplica-as no contexto do assinante. Uma vez criado o túnel, o MME responde à UE com uma resposta "Attach Accept". O portador/túnel é configurado com base no nome do ponto de acesso à Internet (APN). O APN será normalmente semelhante a "internet.telco.com" e é configurado no UE pelo fornecedor de serviços, como parte do descarregamento da configuração inicial para o dispositivo móvel. No momento em que é criado um túnel (o que significa que a sessão de dados é estabelecida), o equipamento móvel começa a apresentar o símbolo Ô4G' na consola.

1.1.6 Chamadas de voz na rede 4G

Existem diferentes mecanismos disponíveis para tratar as chamadas de voz numa rede 4G. Os dois mecanismos mais populares para tratar uma chamada de voz são o Circuit Switched Fall-Back (CSFB) e o Voice over LTE (VoLTE).

Fall-Back comutado por circuito (CSFB)

Quando a LTE é utilizada apenas para a transferência de dados, as chamadas de voz são tratadas através dos mecanismos antigos de comutação de circuitos - recuando para uma rede 3G ou 2G. O Circuit Switched FallBack (CSFB) só funciona quando a área coberta por uma rede LTE também é coberta por uma rede 3G. O CSFB será útil para os fornecedores de serviços quando estes estiverem a migrar de uma rede 2G/3G para uma rede 4G. No CSFB, o MME 4G fala com o MSC 3G através da nova interface SGs, para configurar a chamada de voz.

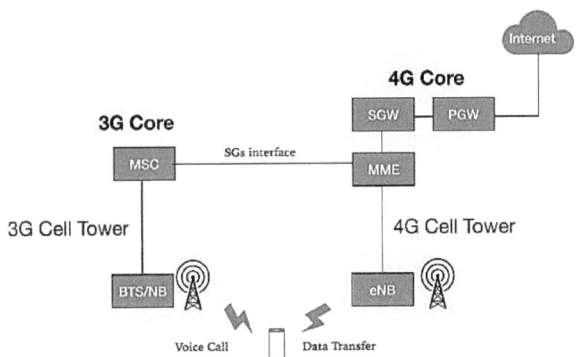

FIG. 1.6 - CIRCUITO DE RETORNO COMUTADO

O equipamento do utilizador (UE) inicia um procedimento de "ligação combinada" às redes PS (comutação de pacotes) e de circuitos comutados (CS). O MME recebe o pedido de "Combined Attach" e estabelece a ligação PS através do núcleo 4G, para transferências de dados. A interface SGs recentemente introduzida entre o MME e o MSC é utilizada para a configuração da ligação CS através do núcleo 3G, para chamadas de voz. Quando o UE está ligado às redes 4G e 3G, o eNodeB direcciona o UE para o rádio do NodeB 3G. O UE estabelece uma chamada vocal através do NodeB 3G. Este circuito comutado de retorno à rede 3G é equivalente a uma transferência da rede 4G para a rede 3G, para chamadas de voz.

Voz sobre LTE (VoLTE)

A voz sobre LTE é um conceito relativamente novo, que permite efetuar chamadas de voz através da rede 4G. Embora o CSFB tenha ajudado os prestadores de serviços durante a migração das redes 2G/3G para as redes 4G, a VoLTE funciona completamente na rede 4G. No caso da VoLTE, o equipamento do utilizador / telemóvel deve ser capaz de iniciar uma chamada VoLTE e a rede deve suportar a VoLTE. As chamadas VoLTE são tratadas pelo núcleo do subsistema multimédia IP (IMS), na rede 4G.

Ao contrário dos serviços de chamadas OTT (Over the Top), como o Skype ou Whats app, o serviço VoLTE utiliza a mesma aplicação de marcação utilizada pelo serviço CSFB. Também proporciona fiabilidade, quando comparado com os serviços de chamadas OTT. Por exemplo, quando o fornecedor de serviços não consegue estabelecer a chamada através do VoLTE, o telefone muda automaticamente para as chamadas comutadas por circuito baseadas em 2G/3G. Isto ajuda quando um cliente está a fazer uma chamada de emergência.

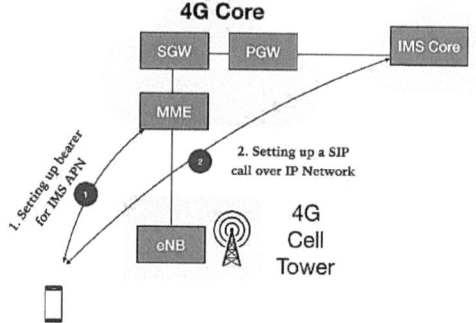

FIG. 1.7 - VOZ SOBRE LTE

A configuração de um VoLTE é um processo em duas etapas:

1. Em primeiro lugar, a UE configura um portador/túnel dedicado para o APN (Access Point Name) IMS. Por exemplo, o nome APN será semelhante a ims.telco.com. Isto é configurado pelo fornecedor de serviços na UE. Estas definições são automaticamente descarregadas para o telemóvel, como parte da ativação do serviço pelo fornecedor de serviços. Este portador para a APN IMS será configurado, para além da configuração do portador para a APN Internet (ou seja, para transferências de dados). O procedimento para a configuração do portador é semelhante ao procedimento descrito na secção "Estabelecimento da ligação de dados 4G".

2. Uma vez estabelecido o suporte, a UE estabelece uma ligação SIP (Session Initiation Protocol) com o núcleo IMS. O SIP é um protocolo popular utilizado para comunicações de voz sobre IP (VOIP), através da Internet. Ao contrário das aplicações de marcação VOIP OTT, o fornecedor de serviços garante a fiabilidade e a segurança das chamadas de voz efectuadas através de uma ligação LTE. A voz sobre WiFi (VoWiFi) também é semelhante à VoLTE. No entanto, o fornecedor de serviços sem fios não pode garantir a fiabilidade das chamadas de voz efectuadas através da ligação WiFi. Quando os débitos da Internet por WiFi são elevados e fiáveis, as chamadas VoWiFi ajudam o fornecedor de serviços a libertar a rede móvel sem fios para outras aplicações/serviços. Por isso, muitos fornecedores de serviços suportam as capacidades VoWiFi.

1.1.7 5G - Sistema de comunicações de quinta geração

A rede 5G utiliza tecnologias avançadas para proporcionar uma experiência ultra-rápida de Internet e multimédia aos clientes. As redes avançadas LTE existentes transformar-se-ão em redes 5G sobrealimentadas no futuro.

Em implementações anteriores, a rede 5G funcionará em modo não autónomo e em modo autónomo. No modo não autónomo, o espetro LTE e o espetro 5G-NR serão utilizados em conjunto. A sinalização de controlo será ligada à rede de base LTE em modo não autónomo.

Haverá um espetro dedicado à rede central 5G de maior largura de banda 5G - NR para o modo autónomo. O espetro sub-6-GHz das gamas FR1 é utilizado nas primeiras implantações de redes 5G.

Para atingir um débito de dados mais elevado, a tecnologia 5G utilizará ondas milimétricas e espectros não licenciados para a transmissão de dados. Foi desenvolvida uma técnica de modulação complexa para suportar taxas de dados maciças para a Internet das Coisas.

Principais características da tecnologia 5G

- Internet móvel ultra-rápida até 10 Gbps
- Baixa latência em milissegundos (importante para aplicações de missão crítica)
- Dedução do custo total dos dados
- Maior segurança e rede fiável
- Utiliza tecnologias como pequenas células e formação de feixes para melhorar a eficiência
- A rede de compatibilidade futura oferece mais melhorias no futuro
- A infraestrutura baseada na nuvem oferece eficiência energética, fácil manutenção e atualização de hardware

1.1.8 Comparação da tecnologia 1G com a 5G

Generation	Speed	Technology	Key Features
1G (1970-1980s)	14.4 Kbps	AMPS, NMT, TACS	Voice only services
2G (1990 to 2000)	9.6/14.4 Kbps	TDMA, CDMA	Voice and Data services
2.5G to 2.75G (2001-2004)	171.2 Kbps 20-40 Kbps	GPRS	Voice, Data and web mobile internet, low speed streaming services and email services.
3G (2004-2005)	3.1 Mbps 500-700 Kbps	CDMA2000 (1xRTT, EVDO) UMTS and EDGE	Voice, Data, Multimedia, support for smart phone applications, faster web browsing, video calling and TV streaming.
3.5G (2006-2010)	14.4 Mbps 1-3 Mbps	HSPA	All the services from 3G network with enhanced speed and more mobility.
4G (2010 onwards)	100-300 Mbps. 3-5 Mbps 100 Mbps (Wi-Fi)	WiMax, LTE and Wi-Fi	High speed, high quality voice over IP, HD multimedia streaming, 3D gamming, HD video conferencing and worldwide roaming.
5G (Expecting at the end of 2019)	1 to 10 Gbps	LTE advanced schemes, OMA and NOMA	Super fast mobile internet, low latency network for mission critical applications, Internet of Things, security and surveillance, HD multimedia streaming, autonomous driving, smart healthcare applications.

1.2 Redes de acesso via rádio

1.2.1 O que é uma rede de acesso via rádio?

Uma rede de acesso via rádio (RAN) é um componente importante de um sistema de telecomunicações sem fios que liga dispositivos individuais a outras partes de uma rede através de uma ligação via rádio. A RAN liga o equipamento do utilizador, como um telemóvel, um computador ou qualquer máquina controlada remotamente, através de uma ligação de fibra ou de backhaul sem fios. Essa ligação vai para a rede principal, que gere as informações dos assinantes, a localização e muito mais.

A RAN, que por vezes também é designada por *rede de acesso*, é o elemento rádio da rede celular. Uma rede celular é constituída por áreas terrestres denominadas *células*. Uma célula é servida por, pelo menos, um emissor-recetor de rádio, embora a norma seja normalmente três para os sítios de células.

As RAN evoluíram desde a primeira geração (1G) até à quinta geração (5G) de redes celulares. Com o desenvolvimento da tecnologia de quarta geração (4G) na década de 2000, o Projeto de Parceria de Terceira Geração introduziu a RAN de Evolução a Longo Prazo (LTE), e a rede de acesso via rádio e a rede central mudaram significativamente. Com a 4G, a conetividade do sistema baseou-se, pela primeira vez, no Protocolo Internet (IP), substituindo as anteriores redes baseadas em circuitos.

Agora, com o LTE Advanced e o 5G, as melhorias estão a chegar sob a forma de RAN centralizada, também designada por *RAN na nuvem* (C-RAN), e de múltiplos conjuntos de antenas, como o MIMO (multiple input, multiple output).

Desde que as primeiras redes celulares foram introduzidas, as capacidades da RAN expandiram-se para incluir chamadas de voz, mensagens de texto e streaming de vídeo e áudio. Os tipos de equipamento dos utilizadores que utilizam estas redes aumentaram drasticamente, incluindo todos os tipos de veículos, drones e dispositivos da Internet das coisas.

1.2.2 Que componentes constituem uma RAN?

Os componentes das RAN incluem estações de base e antenas que cobrem uma região específica, consoante a sua capacidade. Os chips de silício, tanto na rede de base como no equipamento do utilizador, fornecem a funcionalidade RAN.

Uma RAN é composta por três elementos essenciais:
1. **As antenas** convertem os sinais eléctricos em ondas de rádio.
2. **Os rádios** transformam a informação digital em sinais que podem ser enviados sem fios e asseguram que as transmissões são efectuadas nas bandas de frequência correctas com os níveis de potência adequados.
3. **As unidades de banda base (BBUs)** fornecem um conjunto de funções de processamento de sinal que tornam possível a comunicação sem fios. A banda de base tradicional utiliza eletrónica personalizada combinada com várias linhas de código para permitir a comunicação sem fios, normalmente utilizando o espetro de rádio licenciado. O processamento da BBU detecta erros, protege o sinal sem fios e garante que os recursos sem fios são utilizados de forma eficaz.

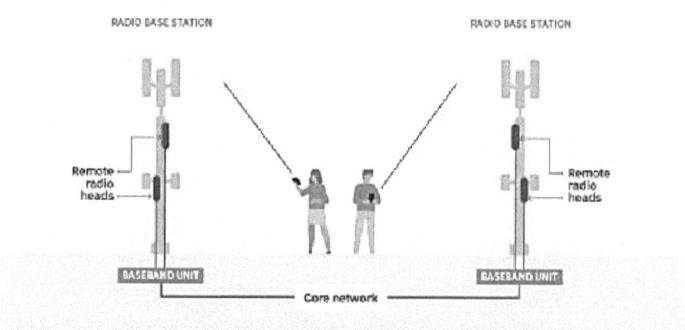

Fig 1.8 Arquitetura básica da RAN

A antena da rede de acesso via rádio recebe informações dos equipamentos dos utilizadores e envia-as para a rede de base através das unidades de banda base.

Como funciona uma RAN?

Uma RAN fornece acesso e coordena a gestão de recursos nos sítios de rádio. Um telemóvel ou outro dispositivo está ligado sem fios à espinha dorsal, ou rede central, e a RAN envia o seu sinal para vários pontos terminais sem fios, para que possa viajar com o tráfego de outras redes. Um único aparelho ou telefone pode estar ligado ao mesmo tempo a várias RAN, por vezes designado por *aparelho de modo duplo*.

Na arquitetura RAN de segunda geração (2G) e de terceira geração (3G), o controlador RAN gere os nós a ele ligados. O controlador de rede da RAN - que gere os recursos de rádio, a mobilidade e a encriptação de dados - liga-se à rede de base com comutação de circuitos e à rede de base com comutação de pacotes, consoante o tipo de RAN.

Com o advento do 4G LTE e de uma rede totalmente IP, a disposição da rede de acesso via rádio mudou. Em particular, a introdução da C-RAN separou os rádios e as antenas do controlador de banda base para se adaptar melhor às exigências modernas dos dispositivos móveis.

Atualmente, a arquitetura RAN divide o plano do utilizador e o plano de controlo em elementos separados. O controlador da RAN pode trocar um conjunto de mensagens de dados do utilizador através de um comutador de rede definido por software e um segundo conjunto através de uma interface baseada no controlo. Esta separação permite que a RAN seja mais flexível, acomodando as técnicas de virtualização das funções de rede, como o fatiamento da rede e o MIMO elevado, que são necessárias para o 5G.

Cloud RAN (C-RAN)

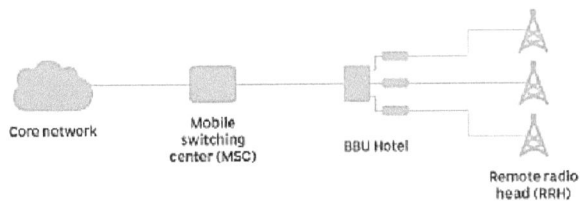

Fig 1.9 RAN em nuvem (C-RAN)

Veja como as unidades de banda base estão localizadas numa estação centralizada de controlo e processamento, ou hotel BBU, que se liga à rede através de fibra ótica de alta velocidade na arquitetura C-RAN.

O que é o RAN no 5G?

A norma 5G New Radio (5G NR) é a mais recente interface de rádio e tecnologia de acesso via rádio para a tecnologia celular 5G. A interface suporta várias bandas de frequência, incluindo bandas sub-6 gigahertz e bandas de ondas milimétricas (mmWave), como 24 GHz, 28 GHz e superiores. As bandas mmWave oferecem velocidades de descarregamento de mais de 1 gigabits por segundo, mas têm alcances reduzidos em comparação com os serviços sub-6 GHz.

1.2.3 Tipos de redes de acesso via rádio

As tendências das RAN incluem o seguinte:

- **A RAN aberta** é o tema quente no mundo das redes de acesso. Envolve o desenvolvimento de hardware, software e interfaces abertos e interoperáveis para redes celulares sem fios que utilizam servidores de caixa branca e outro equipamento normalizado, em vez do hardware personalizado normalmente utilizado nas estações de base.

- **A C-RAN** separa os elementos de rádio de uma estação de base em cabeças de rádio remotas (RRH). Estas podem ser utilizadas no topo das torres de telemóveis para uma cobertura de rádio mais eficiente. As RRHs devem ser ligadas a controladores de banda base centralizados através de ligações de rádio por fibra ou micro-ondas. A maior parte do processamento de banda base utiliza servidores de caixa branca padrão.
- **O sistema global de comunicações móveis (GSM) RAN**, ou GRAN, foi desenvolvido para a 2G.
- **O GSM EDGE RAN**, ou GERAN, é semelhante ao GRAN, mas especifica a inclusão de serviços de rádio por pacotes no ambiente GSM de dados melhorados.
- **A RAN terrestre do Sistema Universal de Telecomunicações Móveis (UMTS)**, ou UTRAN, surgiu com a 3G.
- **A Evolved Universal Terrestrial RAN**, ou E-UTRAN, faz parte da LTE.

1.3 Evolução das redes de acesso via rádio (RAN)

A arquitetura da rede de acesso via rádio (RAN) evoluiu ao longo das diferentes gerações da rede sem fios, para suportar os requisitos de largura de banda e de escalabilidade.

O RAN tem duas unidades distintas - a cabeça de rádio remota (RRH) e a unidade de banda base (BBU). Uma extremidade da RRH está ligada à antena e a outra extremidade à BBU.

A RRH actua como um transcetor, convertendo os sinais analógicos em sinais digitais e vice-versa. Além disso, a RRH também efectua a filtragem do ruído e a amplificação dos sinais. A unidade de banda base (BBU) fornece funções de comutação, gestão de tráfego, temporização, processamento de banda base e interface de rádio. A BBU está normalmente ligada à RRH através de uma ligação de fibra.

Generation	Architecture / Technology	Base Station
2G	GSM	Base Transceiver Station (BTS)
3G	UMTS	NodeB
4G	LTE	Evolved NodeB (eNodeB)
5G	NR	Next Generation NodeB (gNodeB)

QUADRO 1.1 - EVOLUÇÃO DA RAN

Nas redes 2,5G/3G tradicionais, as funções RRH e BBU permaneciam no local da célula, como parte da Estação de Transcepção de Base (BTS). Na rede 4G, a função BBU foi deslocada do local da célula para uma localização centralizada. A função BBU numa rede 4G está alojada no escritório central e é designada por RAN centralizada. A arquitetura 4G suporta opcionalmente a virtualização de BBUs e, quando a função BBU é virtualizada, é também designada por Cloud RAN ou RAN virtualizada. Numa rede 5G, a virtualização de BBUs torna-se quase obrigatória, uma vez que ajuda os fornecedores de serviços a dimensionar a rede para suportar os vários casos de utilização.

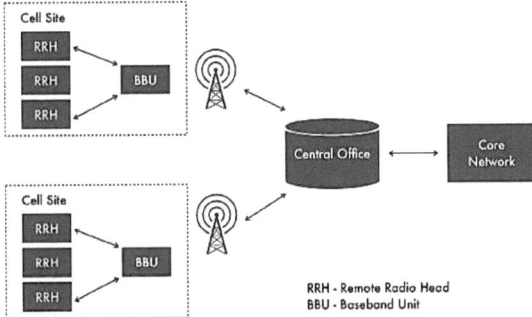

FIG. 1.9 - RANCHO TRADICIONAL

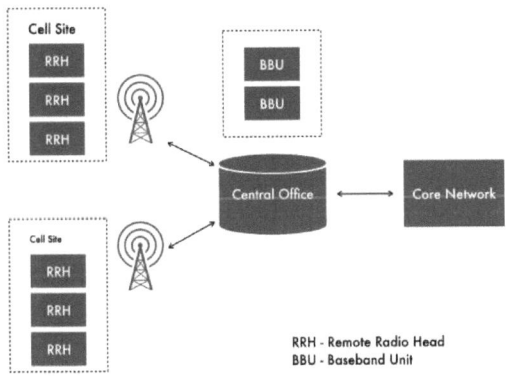

FIG. 1.10 - CENTRALIZADO RAN

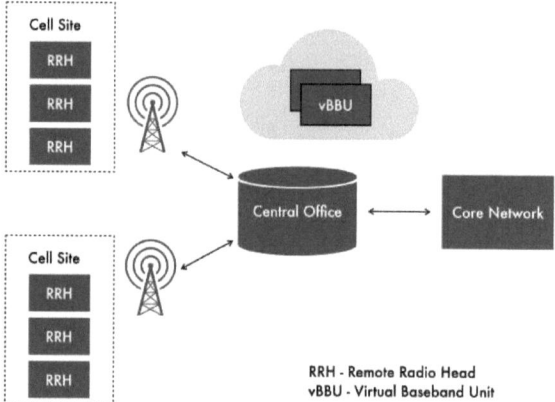

FIGURA 1.11 - RANHURA VIRTUALIZADA

1.4 Necessidade de 5G

A maioria das tecnologias sem fios da geração anterior (como a 3G e a 4G) centrava-se no aumento da velocidade da tecnologia sem fios. Inicialmente, a tecnologia 4G suportava velocidades até 12 Mbps - o que era adequado para serviços de jogos e de transmissão de vídeo em linha. No entanto, a 4G não responde às necessidades tecnológicas de alguns dos casos de utilização emergentes, nas áreas da Internet das Coisas (IOT) e da Realidade Virtual.

Eis a lista de factores que impulsionam a necessidade da tecnologia 5G:

• A Internet das Coisas (IOT) exigirá uma infraestrutura capaz de suportar vários milhares de milhões de dispositivos de rede ligados à rede sem fios e, ao mesmo tempo, eficiente em termos energéticos
• As aplicações de vídeo 3D e de transmissão de vídeo de ultra-alta definição necessitam de largura de banda adicional
• Os jogos, o streaming de vídeo e as aplicações industriais que permitem a Realidade Virtual e a Realidade Aumentada exigem latências inferiores a milissegundos
• Os operadores de rede estão sujeitos a uma enorme pressão para actualizarem continuamente as suas redes, para lidarem com o crescimento do tráfego de dados móveis e, ao mesmo tempo, reduzirem as despesas operacionais
• Permitir novos fluxos de receitas para os fornecedores de serviços sem fios,

suportando novas aplicações e casos de utilização

Em 2016, vários fornecedores de serviços estabeleceram parcerias com fornecedores de equipamento de rede para dar início aos ensaios 5G. A partir de 2018, os serviços 5G foram lançados comercialmente por vários fornecedores de serviços em todo o mundo.

Perguntas importantes,

1. Qual foi o primeiro telemóvel sem fios? Que fornecedor o fabricou?
2. Quais são os vários casos de utilização suportados pelas diferentes gerações de tecnologia sem fios?
3. Qual é a velocidade da rede 4G?
4. Quais são as diferenças entre os sistemas 3G e 4G?
5. O que é uma rede de acesso via rádio (RAN)? Quais são as funções fornecidas pela RAN?
6. Como é que a RAN evoluiu ao longo das diferentes gerações de redes sem fios?
7. Quais são os diferentes tipos de implantação de RAN?
8. O que é o LTE?
9. Quais são as diferenças entre LTE-M e LTE-A?
10. Quais são os mecanismos pelos quais as chamadas de voz são suportadas numa rede 4G?
11. Porque é que precisamos do 5G?

1.5 Visão geral do 5G

A 5G é a tecnologia sem fios de quinta geração, normalizada pelo Projeto de Parceria de Terceira Geração (3GPP). A tecnologia 5G suporta uma velocidade de até 1 Gbps, uma latência de 1-10 milissegundos e é dimensionada para vários milhões de dispositivos de rede. O 3GPP normalizou a tecnologia 5G como parte das suas especificações Release 15, em 2018

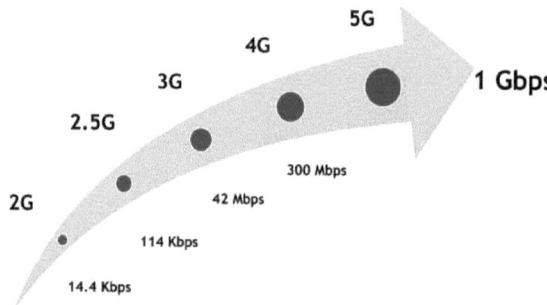

FIG. 1.12 - VELOCIDADE DAS REDES SEM FIOS

O 5G traz mudanças significativas em termos de velocidade, latência e escala. Espera-se que os serviços 5G tenham um enorme impacto nos fornecedores de serviços, nas empresas, nos consumidores e na sociedade em geral. O 5G não é apenas uma evolução da tecnologia 4G - é revolucionário. As mudanças mais visíveis no 5G estão no rádio - o 3GPP definiu a nova especificação de rádio denominada 5G New Radio (5G NR) para os serviços 5G. No entanto, o 3GPP também renovou a infraestrutura da rede de base para suportar os requisitos de velocidade, latência e escalabilidade do 5G, introduzindo o 5G Next Generation Core (5G NG-Core). O 5GNG-Core será o coração da rede 5G e actua como um ponto de ancoragem para as tecnologias de multiacesso. Proporciona uma experiência de serviço sem descontinuidades entre tecnologias de acesso fixo e sem fios.

Características do 5G

Existem algumas características-chave da tecnologia 5G, que são notavelmente diferentes das tecnologias sem fios da geração anterior.

- **Espectro:** A 5G suporta uma vasta gama de espectros, desde as bandas baixas abaixo de 1 GHz, às bandas médias de 1 GHz a 6 GHz e às bandas altas de 24/30 GHz a 300 GHz (também conhecidas como ondas milimétricas).
- **Largura de banda**: atualmente, o 5G suporta uma taxa de transferência de até 1 Gbps. No entanto, o objetivo da indústria é suportar uma taxa de dados de pico de 10 Gbps.
- **Programabilidade:** A 5G pode ser personalizada para satisfazer os requisitos de um conjunto diversificado de casos de utilização e implantações (por exemplo, um caso de utilização de banda larga móvel agnóstica de elevada largura de banda e latência para um caso de utilização de IOT industrial sensível à baixa largura de banda e latência). Isto é conseguido através de

capacidades como o "fatiamento da rede".

- **Latência:** O 5G suporta uma latência de 1 a 2 milissegundos, o que permite casos de utilização como os jogos móveis, a realidade aumentada e a realidade virtual.
- **Virtualização:** A infraestrutura 5G é construída sobre funções de rede virtualizadas, como RAN virtual, EPC virtual e IMS virtual. Permite aos fornecedores de serviços dimensionar dinamicamente a infraestrutura de rede para satisfazer as exigências dos clientes.
- **Densidade da ligação:** o 5G visa fornecer conetividade a cerca de 1 milhão de dispositivos numa área de 1 quilómetro quadrado.

Casos de utilização 5G

A tecnologia 2G era para chamadas telefónicas e serviços SMS. A tecnologia 2,5G ou EDGE era para serviços de correio eletrónico, a tecnologia 3G era para a Web, a tecnologia 4G era para vídeo e a 5G é para casos de utilização que não podemos imaginar.

A tecnologia 5G responde às necessidades de vários sectores industriais, tais como os seguintes:
- Segurança pública
- Radiodifusão / Fornecimento de meios de comunicação
- Indústria automóvel (sistemas de transportes públicos)
- Aeronáutica (Drones)
- Saúde / Bem-estar
- Utilidades
- Educação

Alguns dos principais casos de utilização do 5G são:
- Banda larga móvel melhorada (eMBB)
- Serviços fixos de banda larga sem fios
- Cirurgia robótica
- Automóveis autónomos
- Serviços massivos de Internet das Coisas (IOT)
- TV em direto
- Realidade virtual / Realidade aumentada
- Rede privada sem fios para empresas
- Chamadas holográficas

Uma explicação pormenorizada dos casos de utilização será apresentada no capítulo "Casos de utilização 5G".

1.6 4G versus 5G

A infraestrutura de rede 4G baseia-se na arquitetura LTE (Long Term Evolution). A infraestrutura de rede 5G baseia-se na arquitetura 5G Next Generation Core (5G NG-Core). Existe uma diferença significativa entre ambas as tecnologias em termos de velocidade, latência, gamas de frequências do espetro, casos de utilização suportados, suporte para divisão da rede, arquitetura RAN e arquitetura de rede central.

O quadro 2.1 apresenta as diferenças entre as tecnologias 4G e 5G

Critérios	4G	5G
Velocidade	300 - 400 Mbps (laboratório) 40 - 100 Mbps (mundo real)	1000 Mbps (laboratório) 300 - 400 Mbps (mundo real)
Latência	50 ms	1 - 2 ms
Frequência	2 - 8 GHz	Sub 6 GHz (5G macro optimizado), 3-30 GHz (células pequenas 5G E) 30-100 GHz (5G Ultra Densa)
Casos de utilização	Voz sobre LTE Banda larga móvel Vídeo em linha Jogos em linha	Banda larga móvel melhorada Realidade aumentada / Realidade virtualInternet das coisas (IOT) Chamadas holográficas Carros autónomos sem fios fixosCirurgias robóticas
Fatiamento de rede	Não	Sim
Torres de telemóveis	Grandes torres em comunidades concentradas	Small Cells instaladas em quase todas as esquinas, para além das torres móveis
Arquitetura de serviços	Orientado para a ligação	Orientado para o serviço
Arquitetura	Evolução a longo prazo (LTE)	Núcleo de nova geração (NG-Core) Nova rádio (NR)

QUADRO 1.2 4G VERSUS 5G

Perguntas importantes:

1. O que é o 5G?

2. Quais são as diferenças entre 4G e 5G?
3. Qual a velocidade suportada pelo 5G?
4. Qual é a latência suportada pelo 5G?
5. Quais são as gamas de espetro suportadas pelo 5G?
6. Quais são as mudanças no 5G, em comparação com o 4G?
7. Quais são os casos de utilização possibilitados pelo 5G?

1.7 Núcleo de nova geração (NG-Core)

O NG-Core para 5G é o equivalente ao Evolved Packet Core (EPC) numa rede 4G. A arquitetura 5G NG-Core suporta a virtualização e permite que as funções do plano do utilizador sejam implementadas separadamente das funções do plano de controlo. Além disso, as funções do plano do utilizador e do plano de controlo podem ser escaladas de forma independente. O 5G NG-Core suporta tanto identidades baseadas na Identidade Internacional do Assinante Móvel (IMSI) como identidades não baseadas na IMSI para autenticação de serviços. O NG-Core suporta capacidades como o fatiamento da rede, que permite a partição dos recursos da rede entre diferentes clientes, serviços ou casos de utilização.

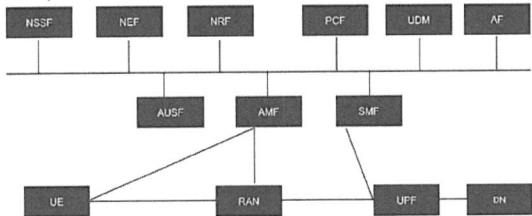

FIG. 1.13 ARQUITECTURA PORMENORIZADA DO SISTEMA 5G

Funções de rede em NG-Core

A arquitetura 5G NG-Core inclui as seguintes funções de rede:
1. Função de servidor de autenticação (AUSF)
2. Função de gestão do acesso e da mobilidade (AMF)
3. Rede de dados (DN)
4. Função de exposição em rede (NEF)
5. Função de Repositório de Rede (NRF)
6. Função de seleção de fatias de rede (NSSF)

7. Função de controlo de políticas (PCF)
8. Função de gestão de sessões (SMF)
9. Gestão Unificada de Dados (UDM)
10. Função do plano do utilizador (UPF)
11. Função de aplicação (AF)

Função de servidor de autenticação (AUSF) - A AUSF actua como um servidor de autenticação, efectuando a autenticação UE utilizando o protocolo de autenticação extensível (EAP). O EAP é um protocolo popular utilizado em redes WiFi para autenticar clientes WiFi. Na rede 4G, a função AUSF fazia parte da função Home Subscriber Server (HSS).

Função de gestão do acesso e da mobilidade (AMF) - Responsável pela gestão da ligação, gestão do registo e gestão da mobilidade (tratamento da acessibilidade e do estado de mobilidade em modo inativo/desactivo). Também se encarrega da autenticação e autorização de acesso. A AMF também suporta a função de interceção legal para eventos AMF. Na rede 4G, esta função fazia parte da Entidade de Gestão da Mobilidade (MME).

Rede de dados (DN) - A DN oferece serviços de operador, acesso à Internet e serviços de terceiros.

Função de exposição da rede (NEF) - A NEF é um proxy ou ponto de agregação de API para a rede central e fornece segurança quando serviços ou funções de aplicações externas acedem aos nós do núcleo 5G. Trata-se de uma nova função introduzida na arquitetura 5G.

Função de Repositório de Rede (NRF) - A NRF suporta a descoberta de serviços e mantém/fornece perfis de instâncias de funções de rede. Esta é uma nova função introduzida na arquitetura 5G.

Função de seleção de fatias de rede (NSSF) - A NSSF suporta a seleção de instâncias de fatias de rede para servir o equipamento do utilizador (UE), com base nas informações de atribuição de seleção de fatias de rede (NSSAI) configuradas ou permitidas para um determinado UE. Esta é uma nova função introduzida na arquitetura 5G.

Função de Controlo de Políticas (PCF) - A PCF fornece um quadro político unificado e partilha regras políticas com as funções do plano de controlo, para as aplicar. Também acede a informações de subscrição relevantes para as decisões políticas a partir do UnifiedData Repository (UDR). A PCF fazia parte da função PCRF na rede 4G.

Função de gestão de sessões (SMF) - A SMF fornece gestão de sessões, atribuição e gestão de endereços IP da UE e funções DHCP. Também fornece a configuração da direção do tráfego para a função do plano do utilizador (UPF) para um encaminhamento adequado do tráfego. A função SMF foi dividida entre a função MME e a função Packet Gateway (PGW) na rede 4G.

Gestão unificada de dados (UDM) - A UDM fornece credenciais de autenticação e acordo de chaves (AKA), tratamento da identificação do utilizador, autorização de acesso e funções de gestão de assinaturas. A UDM fazia parte da funcionalidade HSS na arquitetura 4G.

Função do plano do utilizador (UPF) - A UPF fornece funções de encaminhamento e encaminhamento de pacotes. Além disso, também trata dos serviços de QoS. A função UPF foi dividida entre o Serving Gateway (SGW) e o PGW na arquitetura 4G. A separação do plano do utilizador do plano de controlo em ambos os SGW/PGW permite aos fornecedores de serviços implantar a UPF mais perto da extremidade da rede. Na arquitetura 5G, a função UPF pode ser implantada na extremidade da rede, para além do núcleo da rede, a fim de melhorar o desempenho da rede e reduzir a latência.

Função de aplicação (AF) - A função AF é semelhante à função AF na rede 4G. Interage com o núcleo 5G para fornecer serviços como a influência da aplicação no encaminhamento do tráfego, o acesso à função de exposição da rede (NEF) e a interação com o quadro de políticas para controlo de políticas.

Separação do plano de controlo e do plano do utilizador no núcleo 5G

CUPS significa Control and User Plane Separation (separação do plano de controlo e do plano do utilizador). Foi introduzida pelo 3GPP, para o Evolved Packet Core (EPC), como parte das suas especificações da versão 14.

Necessidade de CUPS

Os fornecedores de serviços em todo o mundo estão a assistir a um salto no crescimento dos dados móveis, ano após ano, devido ao aumento do consumo de vídeo, jogos em linha e serviços de redes sociais. O 5G não só enfrenta o desafio de suportar velocidades de dados mais elevadas, como também tem de reduzir a latência da rede para os clientes. A latência da rede tem um impacto direto na experiência do cliente e é quase um elemento não negociável para os novos casos de utilização da tecnologia 5G.

Os arquitectos do 5G estavam a estudar várias formas de reduzir a latência da rede para os clientes, de modo a satisfazer os requisitos dos casos de utilização emergentes do 5G, como os automóveis inteligentes, a RA/RV e os hologramas. A arquitetura 5G tenta reduzir a latência da rede através de múltiplos mecanismos, como o Network Slicing, o Massive MIMO, as Small Cells e o Multi-access Edge Computing (MEC). A infraestrutura MEC, por estar mais próxima do utilizador, desempenha um papel fundamental na redução da latência da rede, fornecendo uma infraestrutura de computação para serviços Over-The-Top (OTT) e Internet das Coisas (IOT). O CUPS é outra técnica do 5G que ajuda a reduzir a latência da rede.

As múltiplas opções de implantação suportadas pelo CUPS proporcionam grande flexibilidade aos prestadores de serviços, para implantar funções do plano do utilizador em um ou mais locais para atender aos requisitos de largura de banda e latência dos serviços do cliente. Por exemplo, um fornecedor de serviços pode ter de implementar mais instâncias da função de plano do utilizador perto de um dormitório universitário, onde várias centenas de estudantes estão a ver vídeos e a jogar jogos em linha. No entanto, num estádio, haverá vários milhares de utilizadores móveis que estarão a verificar os seus e-mails, a navegar na Internet e a carregar fotografias. Nesses locais, o plano de controlo tem de ser dimensionado para suportar vários milhares de sessões de clientes. Assim, o fornecedor de serviços poderá ter de implementar mais funções de plano de controlo nessas geografias para suportar os milhares de utilizadores móveis.

CUPS em arquitetura 4G

O CUPS foi originalmente introduzido na arquitetura 4G Evolved Packet Core (EPC). O EPC com suporte CUPS separa a função do plano de controlo da função do plano do utilizador na rede. As funções de rede no EPC 4G, como o Packet Gateway (PGW), o Serving Gateway (SGW) e a Traffic Detection Function (TDF), foram divididas em funções do plano de controlo e do plano do utilizador. O EPC com suporte CUPS tinha PGW-U/ PGW-C, SGW-U/SGW-C e TDF-U/TDF-C.

Quando o EPC suportar o CUPS, os fornecedores de serviços terão a opção de
• implantação das funções do plano de controlo co-localizadas com as funções do plano do utilizador (ou seja, no mesmo centro de dados)
• implantação das funções do plano de controlo e das funções do plano do utilizador de forma distribuída, em vários locais

- implantar a função do plano de controlo num local centralizado e implantar as funções do plano do utilizador em vários locais

O 5G adopta uma arquitetura baseada no CUPS para o núcleo 5G. O núcleo 5G tem uma função distinta do plano do utilizador (UPF) que trata de todas as funções do plano do utilizador executadas por SGW-U e PGW-U no EPC 4G. As funções do plano de controlo do 5G estão distribuídas por diferentes funções de rede, como a função de servidor de autenticação (AUSF), a gestão de dados do utilizador (UDM), a função de política e tarifação (PCF) e a função de gestão de sessão (SMF). Este facto dá muita flexibilidade aos fornecedores de serviços para decidirem quais as funções de rede que têm de ser implementadas no extremo da rede em vez de no núcleo da rede.

Uma vez que o 5G suporta serviços de rede nativos da nuvem, torna-se fácil para os fornecedores e prestadores de serviços implementar CUPS na arquitetura da rede 5G (em comparação com a rede 4G).

Abordagem de comunicação para as funções da rede de base

A arquitetura 5G traz uma diferença significativa na forma como as funções da rede de base comunicam entre si. A arquitetura 5G suporta duas abordagens para a comunicação entre as funções da rede central - Ponto a Ponto e Arquitetura Baseada em Serviços (SBA).

- **Ponto a ponto** - Na rede 4G tradicional, as funções da rede de base comunicavam entre si com base em pontos de referência e interfaces que ligavam esses pontos de referência. A comunicação entre as funções da rede principal na rede 4G era ponto a ponto. Ou seja, haverá sempre um emissor e um recetor para qualquer comunicação entre os elementos da rede 4G. A rede 5G também suporta a abordagem arquitetónica tradicional ponto-a-ponto.

- **Arquitetura baseada em serviços (SBA)** - Para além de suportar a arquitetura ponto-a-ponto, a SBA é uma nova abordagem introduzida com a arquitetura de rede 5G. Na SBA, as funções da rede de base são produtores ou consumidores de vários serviços de rede. No modelo produtor-consumidor, pode haver um produtor e vários consumidores. Estes comunicam entre si através de APIs Restful. A arquitetura 5G fornece um quadro para que diferentes funções de rede produzam e consumam serviços de forma eficaz. Existem dois tipos de modelos de comunicação suportados pelo SBA:

○ Modelo Pedido-Resposta - É utilizado para o intercâmbio de pedidos e respostas de informações simples entre as funções de rede. Este modelo utiliza pedidos e respostas síncronos. Por exemplo, a autenticação de um assinante na rede.

○ Modelo Subscribe-Notify (subscrever-notificar) - É utilizado para pedidos que demorariam muito tempo a ser processados para serem notificados de um evento. Uma ou mais funções de rede na rede principal podem subscrever notificações. Por exemplo, se uma função de rede quiser ser notificada quando um assinante se desloca de um local geográfico para outro, pode utilizar o mecanismo Assinar-Notificar, para se registar no evento de mobilidade do assinante e ser notificada da localização do assinante.

A estrutura SBA fornece a funcionalidade necessária para uma utilização eficiente dos serviços, como o registo, a descoberta de serviços, as notificações de disponibilidade, o desregisto, a autenticação e a autorização.

1.8 Núcleo de Pacotes Evoluídos (EPC)

O Evolved Packet Core (EPC) é uma estrutura para fornecer voz e dados convergentes numa rede 4G Long-Term Evolution (LTE).

As arquitecturas de rede 2G e 3G processam e comutam voz e dados através de dois subdomínios separados: comutação de circuitos (CS) para voz e comutação de pacotes (PS) para dados. O Evolved Packet Core unifica a voz e os dados numa arquitetura de serviço IP (Internet Protocol) e a voz é tratada como mais uma aplicação IP. Isto permite que os operadores implantem e operem uma rede de pacotes para 2G, 3G, WLAN, WiMax, LTE e acesso fixo (Ethernet, DSL, cabo e fibra).

Os principais componentes do EPC são:

- *Entidade de gestão da mobilidade (MME)* - gere os estados da sessão e autentica e segue um utilizador através da rede.

- *Gateway de serviço (S-gateway)* - encaminha os pacotes de dados através da rede de acesso.

- *Packet Data Node Gateway (PGW)* - actua como interface entre a rede LTE e outras redes de pacotes de dados; gere a qualidade do serviço (QoS) e fornece inspeção profunda de pacotes (DPI).

- *Função de regras políticas e de tarifação (PCRF)* - suporta a deteção de fluxos de dados de serviços, a aplicação de políticas e a tarifação baseada em fluxos.

As normas para o funcionamento do EPC foram especificadas por um grupo comercial da indústria denominado Projeto de Parceria de Terceira Geração (3GPP) no início de 2009. O EPC é o componente central da Service Architecture Evolution (SAE), a arquitetura plana LTE do 3GPP.

1.9 Núcleo de Pacote Evoluído Virtualizado (vEPC)

Um Virtual Evolved Packet Core (vEPC) é uma estrutura para o processamento e comutação de voz e dados das redes móveis que é implementada pela Virtualização das Funções de Rede (NFV), que virtualiza as funções de um Evolved Packet Core (EPC). A estrutura vEPC tem sido utilizada para redes móveis 4G LTE e constituirá também uma parte essencial da futura arquitetura de rede 5G.

O Virtual Evolved Packet Core (vEPC) é funcionalmente semelhante ao EPC físico. No entanto, a forma como o EPC é implantado e gerenciado é diferente do EPC físico. Existem dois métodos de implantação de um Virtualized Evolved Packet Core (EPC):

1. Um EPC virtual (vEPC) tudo-em-um
2. Instâncias autónomas de MME, PGW, SGW, HSS e PCRF.

Há alguns prós e contras para cada uma dessas abordagens. Em um modelo de implantação tudo-em-um, é fácil gerenciar a instância do vEPC como uma entidade. No entanto, faltam mecanismos para dimensionar individualmente um ou mais serviços. Por exemplo, se o fornecedor de serviços quiser aumentar o número de instâncias de PCRF, isso só pode ser conseguido através da criação de várias instâncias do vEPC tudo-em-um.

Numa implementação com instâncias autónomas dos componentes vEPC, o fornecedor de serviços pode escalar individualmente os componentes. Por exemplo, se houver necessidade de aumentar o número de instâncias de PCRF, isso pode ser feito girando uma ou mais instâncias do aplicativo PCRF. Essa abordagem ajuda a otimizar a utilização de recursos na nuvem de telecomunicações e traz agilidade. No entanto, haverá uma sobrecarga envolvida no gerenciamento das instâncias autônomas na nuvem de telecomunicações. Os fornecedores de equipamentos de rede podem ajudar a compensar essa sobrecarga de gerenciamento, fornecendo um gerenciador de VNF específico para vEPC junto com o vEPC.

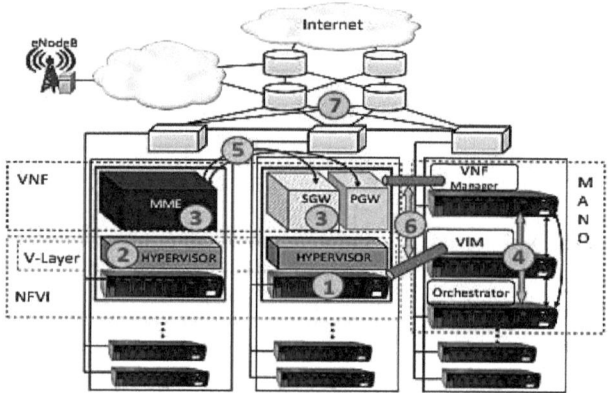

Fig 1.14 vEPC

Em termos de arquitetura, o vEPC será diferente de um EPC físico. Seguem-se algumas das principais diferenças arquitectónicas entre um EPC físico e um EPC virtual:

- Um EPC virtual pode ter uma ou mais VMs para cada um dos componentes. Por exemplo, um serviço PCRF pode ter vários micro-serviços. Cada um desses microsserviços pode ser executado em uma VM separada ou em um contêiner, na nuvem de telecomunicações.

- A informação sobre o estado da sessão de um assinante num EPC físico pode ser armazenada na RAM ou na memória transitória do hardware. Um EPC físico atinge uma elevada disponibilidade e fiabilidade através da implantação de várias instâncias físicas do hardware EPC. No entanto, numa implantação de EPC virtual, a instância vEPC pode armazenar as informações sobre o estado da sessão numa base de dados fiável, para a continuidade da sessão durante as substituições de falhas.

- Um EPC físico depende do hardware subjacente para a aceleração do plano de dados. Um EPC virtual depende de tecnologias de aceleração de plano de dados baseadas em software. Num vEPC, o plano de dados é dimensionado através de tecnologias como a SRIOV (Single Root - Input/ Output Virtualization). A SRIOV divide uma placa de interface de rede física em várias placas de interface de rede virtuais (vNICs) e fornece acesso direto à NIC física, contornando a camada do hipervisor. O Virtual EPC também aproveita vários avanços na aceleração do plano de dados, como o Data Plane Development Kit (DPDK) e o FD.io (entrada/saída rápida de dados).

PROBLEMAS DE DISPONIBILIDADE DE SERVIÇOS NO VEPC
Para orientar a conceção e implementação do vEPC pelos fornecedores, analisamos diferentes fontes de falha e as suas implicações em termos de fiabilidade. Esta secção dá mais pormenores sobre a forma como as potenciais falhas podem afetar a disponibilidade do vEPC.

A. Fontes de falha no vEPC

Na Figura **vEPC**, ilustra-se um cenário genérico NFV-vEPC e as suas potenciais fontes de falha (círculos amarelos), numeradas da seguinte forma:
1) Falha de hardware nos servidores COTS:
Tal como todos os componentes de hardware, os servidores COTS irão falhar. Reconhece-se que o hardware COTS tem uma intensidade de falha mais elevada do que o hardware legado de telecomunicações que serve funções de rede, ver por exemplo. Para lidar com as falhas de hardware, os servidores antigos dispõem de mecanismos de tolerância a falhas adaptados para satisfazer os requisitos de tratamento de falhas do domínio das telecomunicações, por exemplo, o requisito de disponibilidade de cinco noves, e uma tecnologia madura que foi melhorada ao longo de várias gerações de sistemas. No entanto, para lidar com falhas de hardware COTS e proporcionar níveis de disponibilidade comparáveis, podem ser utilizadas outras técnicas de tolerância a falhas, por exemplo, replicação ativa, partilha de carga, etc., com base em mecanismos implementados numa plataforma genérica.

2) Falhas de software no hipervisor:
Um ambiente de virtualização necessita de um hipervisor para mapear as funções virtuais com os respectivos recursos de hardware necessários. O hipervisor é gerido a partir de uma arquitetura centralizada conhecida como VIM, mas tem de ser instalado separadamente em cada componente de hardware utilizado. O hipervisor pode ser propenso a falhas de software que podem afetar processadores individuais ou, uma vez que os hipervisores nos processadores individuais estão fortemente acoplados logicamente, podem afetar partes maiores da camada de virtualização de todo o sistema.

3) Falhas de software do próprio VNF:
A VNF é o software com toda a lógica que permite a implementação das diferentes partes do EPC. Como em todos os tipos de software, a VNF pode também conter falhas lógicas susceptíveis de provocar avarias. Em princípio, o código utilizado para implementar essas funções é semelhante para o EPC e o vEPC. Alguns fornecedores já têm implementações independentes do hardware desta funcionalidade, pelo que se considera razoável supor que a taxa de falhas não se alterará muito com a passagem destas funções do EPC para o vEPC. No entanto, o impacto das falhas pode ser diferente em termos de tempos de inatividade, propagação de erros e conjunto de funcionalidades afectadas.

4) Falhas do MANO:
O funcionamento correto do MANO depende do hardware, do software e até da conetividade entre os servidores MANO, uma vez que o Orquestrador, o VIM e o Gestor de VNF podem estar implantados em servidores físicos diferentes. Existem dois pontos de vista relativamente às falhas do MANO. A primeira, bastante otimista, é que não afectam as operações em curso, mas inibem qualquer nova operação. Uma vez definido o vEPC, em princípio, o MANO não precisa de ser consultado. No entanto, caso seja necessário, a ausência do MANO pode ser catastrófica. O outro ponto de vista, e na opinião dos autores mais realista, é que, uma vez que o MANO pode alterar/influenciar grandes partes do EPC através de uma operação incorrecta e da propagação de erros, as consequências das falhas do MANO podem tornar-se catastróficas.

5) Ligação lógica entre diferentes funções EPC:
Uma vez que as funções do vEPC serão muito provavelmente distribuídas por diferentes servidores físicos, é necessária uma conetividade física e lógica entre cada uma das partes, como ilustrado na fonte de falha número 5. Esta conetividade é propensa a falhas na rede física e na conetividade virtual lógica e, uma vez que a topologia num centro de dados pode ser mais complexa, esta parte deve ser cuidadosamente planeada.

6) Ligação lógica entre o MANO e a VNF/NFVI:
Do ponto de vista da conetividade, a natureza da falha é semelhante à apresentada no caso anterior. No entanto, as consequências são as mesmas do que quando ocorre uma falha no sistema MANO.

7) Falhas nas Redes de Distribuição e Core:
Este facto influenciará significativamente a disponibilidade do sistema e deve

ser cuidadosamente tido em conta. Observam-se níveis elevados de flutuação de trajetória e um número considerável de falhas que envolvem uma única ligação. No entanto, as falhas e o efeito das falhas correspondentes são os mesmos tanto para o EPC como para o vEPC.

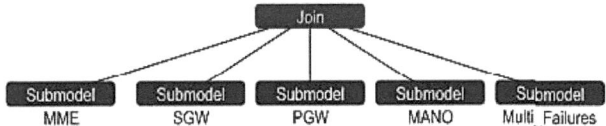

Fig 1.15 Modelo composto para a disponibilidade do vEPC

3G vs. 4G vs. 5G

	3G	4G	5G
DL Waveform	CDMA	OFDMA	OFDMA,SCFDMA
UL Waveform	CDMA	SCFDMA	OFDMA,SCFDMA
Channel Coding	Turbo	Turbo	LDPC (Data)/Polar (Control)
Beamforming	No	Data only	Full support
Spectrum	0.8-2.1 GHz	0.4-6 GHZ	0.4-52.6 GHz
Bandwidth	5 MHz	1.4-20 MHz	Up to 400 MHz
Network Slicing	No	No	Yes
QoS	Bearer based	Bearer based	Flow based
Small Packet Support	No	No	Connectionless
Cloud Support	No	No	Yes

Quadro 1.3 3G vs. 4G vs. 5G

Respostas à pergunta de dois pontos

1. O que é a tecnologia 5G?

A 5G é a quinta geração da tecnologia celular. Foi concebida para aumentar a velocidade, reduzir a latência e melhorar a flexibilidade dos serviços sem fios.

2. O que é uma rede de acesso via rádio?

Uma rede de acesso via rádio (RAN) é um componente importante de um sistema de telecomunicações sem fios que liga dispositivos individuais a outras partes de uma rede através de uma ligação via rádio. A RAN liga o equipamento do utilizador, como um telemóvel, um computador ou qualquer máquina controlada remotamente, através de uma ligação de fibra ou de backhaul sem fios. Essa ligação vai para a rede principal, que gere as informações dos assinantes, a localização e muito mais.

3. Que componentes constituem uma RAN?

Uma RAN é composta por três elementos essenciais:

As antenas convertem sinais eléctricos em ondas de rádio.

Os rádios transformam a informação digital em sinais que podem ser enviados sem fios e asseguram que as transmissões são efectuadas nas bandas de frequência correctas com os níveis de potência adequados.

As unidades de banda base (BBUs) fornecem um conjunto de funções de processamento de sinal que tornam possível a comunicação sem fios. A banda de base tradicional utiliza eletrónica personalizada combinada com várias linhas de código para permitir a comunicação sem fios, normalmente utilizando o espetro de rádio licenciado. O processamento da BBU detecta erros, protege o sinal sem fios e garante que os recursos sem fios são utilizados eficazmente.

4. **Quais são os tipos de redes de acesso via rádio?**

- RAN aberta
- C-RAN
- A RAN do Sistema Global de Comunicações Móveis (GSM), ou GRAN, foi desenvolvida para a 2G.
- O GSM EDGE RAN, ou GERAN, é semelhante ao GRAN, mas especifica a inclusão de serviços de rádio por pacotes no ambiente GSM de dados melhorados.
- A RAN terrestre do Sistema Universal de Telecomunicações Móveis (UMTS), ou UTRAN, surgiu com a 3G.
- A Evolved Universal Terrestrial RAN, ou E-UTRAN, faz parte da LTE.

5. **Explicar a RAN aberta.**

A RAN aberta é o tema quente no mundo das redes de acesso. Envolve o desenvolvimento de hardware, software e interfaces abertos e interoperáveis para redes celulares sem fios que utilizam servidores de caixa branca e outro equipamento normalizado, em vez do hardware personalizado normalmente utilizado nas estações de base.

6. **Explicar C RAN.**

A C RAN separa os elementos de rádio numa estação de base em cabeças de rádio remotas (RRH). Estas podem ser utilizadas no topo das torres de telemóveis para uma cobertura de rádio mais eficiente.

Os RRH devem ser ligados a controladores de banda base centralizados através de ligações de rádio por fibra ou micro-ondas. A maior parte do processamento de banda base utiliza servidores standard de caixa branca.

7. **Qual é a importância da tecnologia 5G para a sociedade?**

Os potenciais benefícios na esfera social são outra razão pela qual precisamos da tecnologia 5G. As capacidades básicas do 5G são fáceis de compreender, mas as formas como a rede da próxima geração poderá ajudar a enfrentar os desafios sociais de gerações passadas são únicas e multifacetadas.

8. O que é o Network Slicing?

O fatiamento de rede é um método de criação de várias redes lógicas e virtualizadas exclusivas em uma infraestrutura comum de vários domínios. Utilizando redes definidas por software (SDN), virtualização de funções de rede (NFV), orquestração, análise e automação, os operadores de redes móveis (MNOs) podem criar rapidamente fatias de rede que podem suportar uma aplicação, um serviço, um conjunto de utilizadores ou uma rede específicos. As fatias de rede podem abranger vários domínios de rede, incluindo acesso, núcleo e transporte, e ser implantadas em várias operadoras.

9. Explicar as comunicações maciças do tipo máquina (mMTC).

Esta situação é mais conhecida atualmente como a Internet das Coisas, mas a uma escala muito maior, com milhares de milhões de dispositivos ligados à rede. Estes dispositivos gerarão muito menos tráfego do que as aplicações eMBB, mas o seu número será muito superior.

10. Explicar as comunicações ultra fiáveis de baixa latência (urLLC).

Estas permitirão operações como a cirurgia à distância ou comunicações veículo-a-X (v2x) e exigem que os operadores de redes móveis disponham de capacidade de computação periférica móvel.

11. O que é o núcleo de pacotes virtual evoluído?

Um Virtual Evolved Packet Core (vEPC) é uma estrutura para o processamento e comutação de voz e dados das redes móveis que é implementada pela Virtualização das Funções de Rede (NFV), que virtualiza as funções de um Evolved Packet Core (EPC).

12. Definir Evolved Packet core.

O Evolved Packet Core (EPC) é uma estrutura para fornecer voz e dados convergentes numa rede 4G Long-Term Evolution (LTE). As arquitecturas de rede 2G e 3G processam e comutam voz e dados através de dois subdomínios separados: comutação de circuitos (CS) para voz e comutação de pacotes (PS) para dados.

13. O que é a virtualização da função de rede?

A virtualização das funções de rede (NFV) consiste na substituição do hardware dos equipamentos de rede por máquinas virtuais. As máquinas virtuais utilizam um hipervisor para executar software de rede e processos como o encaminhamento e o equilíbrio de carga.

14. Quais são as PDUs de controlo SDAP?

O SDAP tem apenas uma PDU de controlo denominada marcador de fim. É enviada para indicar que um fluxo QoS específico já não está mapeado para o DRB/SL-DRB em que esta PDU de controlo é enviada. O fluxo de QoS é indicado com um campo QFI/PQFI de 6 bits. Um campo D/C de 1 bit é colocado a zero para indicar a PDU de controlo. Um campo R de 1 bit é reservado.

Quando o RRC configura um novo mapeamento, a PDU de marcador final no DRB ou SL mapeado anteriormente, um DRB / SL DRB configurado anteriormente ou o SDAP padrão enviará o DRB. Este último pode ser DRB /SL- DRB.

15. Explicar as redes definidas por software.

A rede definida por software (SDN) é uma abordagem à ligação em rede que utiliza controladores baseados em software ou interfaces de programação de aplicações (API) para comunicar com a infraestrutura de hardware subjacente e direcionar o tráfego numa rede.

16. Definir Fronthaul.

Fronthaul, também conhecido como fronthaul móvel, é um termo que se refere à ligação baseada em fibra da rede de acesso via rádio em nuvem (C-RAN), um novo tipo de arquitetura de rede celular de unidades de banda base centralizadas (BBUs) e cabeças de rádio remotas (RRHs) na camada de acesso da rede.

UNIDADE II: CONCEITOS E DESAFIOS DAS 5G

Fundamentos das tecnologias 5G, panorâmica da arquitetura da rede central 5G, novas tecnologias de rádio e de computação em nuvem 5G, tecnologias de acesso via rádio (RAT), EPC para 5G.

CONCEITOS E DESAFIOS DA 5G
2.1 Introdução ao conceito 5G

5G, que significa a quinta geração de tecnologia sem fios, representa um salto significativo no mundo das comunicações móveis e sem fios. Introduz uma nova era de conetividade que vai para além do que era possível com as gerações anteriores, como a 4G (LTE).

Eis uma introdução ao conceito de 5G:

1. **Taxas de dados mais elevadas:**
Um dos principais objectivos do 5G é fornecer taxas de dados muito mais rápidas em comparação com o 4G. Promete velocidades de vários Gigabits por segundo, permitindo downloads mais rápidos, streaming mais suave e experiências de utilizador melhoradas.

2. **Latência ultra-baixa:**
O 5G foi concebido para atingir uma latência ultra-baixa, reduzindo o atraso entre o envio e a receção de dados para apenas alguns milissegundos. Esta baixa latência é fundamental para aplicações em tempo real, como veículos autónomos e cirurgia remota.

3. **Conectividade massiva:**
O objetivo do 5G é suportar um grande número de dispositivos ligados em simultâneo. Isto é essencial para a Internet das Coisas (IoT), em que milhares de milhões de sensores e dispositivos têm de comunicar de forma eficiente.

4. **Bandas de frequência diversificadas:**
O 5G funciona numa vasta gama de bandas de frequência, incluindo sub-6 GHz e mmWave (onda milimétrica). Estas diversas bandas de frequência proporcionam uma ampla cobertura e uma elevada largura de banda.

5. **Fatiamento de rede:**
O 5G introduz o conceito de divisão da rede, permitindo que a rede seja dividida em várias redes virtuais optimizadas para casos de utilização específicos. Cada fatia pode ter características diferentes, como baixa latência para aplicações industriais ou alta largura de banda para streaming de vídeo.

6. **Melhorias de segurança:**
O 5G inclui características de segurança melhoradas para proteção contra a evolução das ciberameaças. A encriptação melhorada, a autenticação e a gestão segura dos dispositivos são parte integrante da segurança 5G.

7. **Eficiência energética:**
As tecnologias 5G foram concebidas para serem mais eficientes em termos

energéticos do que as gerações anteriores, o que é importante para prolongar a duração da bateria dos dispositivos e reduzir o impacto ambiental.

8. Arquitetura nativa da nuvem:
As redes 5G estão a transitar para uma arquitetura nativa da nuvem, que permite aos operadores de rede implementar e escalar serviços de forma mais dinâmica e eficiente.

9. Normas abertas: As tecnologias 5G são construídas com base em normas abertas, permitindo a interoperabilidade entre equipamentos de diferentes fornecedores e promovendo a inovação.

2.1.1 Tipos de rede 5G

No que diz respeito à rede 5G, existem três tipos principais. Estes são -

- **Banda baixa 5G** - É 20% mais rápida do que as redes LTE de 4g.
- **Banda média 5G** - É quase seis vezes mais rápida do que a 4G LTE.
- **MmWave High band 5G** - É quase 10 vezes mais rápido do que as redes 4G.

2.1.2 Desafios na implementação do 5G:

Embora o 5G seja extremamente promissor, também apresenta vários desafios e considerações:

1. Implantação de infraestrutura: A construção da infraestrutura necessária para o 5G, incluindo a implantação de novas estações de base e a atualização das existentes, é uma tarefa gigantesca que exige um investimento significativo.

2. Enorme volume de dados
Com o avanço da tecnologia, o volume de dados de cada rede também aumenta todos os anos e a tendência é crescente. Cada rede tem de suportar um enorme volume de dados, uma vez que muitas aplicações são capazes de efetuar videochamadas de alta resolução, transmissões em direto, descarregamentos, etc...

A tendência dos novos meios de comunicação é para a norma vídeo e há uma enorme procura de conteúdos vídeo em comparação com a forma convencional de texto. As aplicações de jogos multimédia, realidade aumentada (RA) e realidade virtual (RV) necessitam de uma rede de alta velocidade para uma melhor experiência do utilizador.

3. Tecnologia MIMO

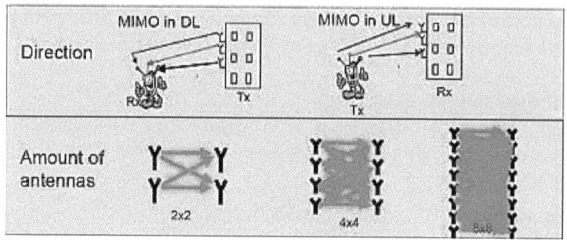

Fig 2.1 Tecnologia MIMO

Os complexos conjuntos de antenas MIMO serão utilizados para fornecer dados de alta velocidade a utilizadores individuais. A ideia do MIMO é aumentar o número de antenas de transmissão na estação de base e no dispositivo móvel (UE) para maximizar a transferência de dados através do envio e da receção simultâneos. A tecnologia MIMO exige algoritmos complexos e capacidade de dispositivos tanto na estação de base como no equipamento do utilizador.

4. Formação de feixes

Fig 2.2 Formação de feixe

Para evitar o desperdício de energia de transmissão, a nova geração de tecnologia de transmissão sem fios utilizará o método de formação de feixes para transmitir eficazmente os dados aos dispositivos dos utilizadores. Em comparação com as estações de base convencionais, a tecnologia de formação de feixes localiza com precisão a localização do utilizador e transmite sinais nessa direção utilizando um sofisticado sistema de antenas.

A potência de funcionamento da estação de base pode ser significativamente reduzida através do conceito de formação de feixes. No entanto, a formação de feixes é uma tarefa complexa para localizar cada dispositivo numa determinada célula e requer um processamento de alto nível nas estações de base.

5. Disponibilidade do espetro:

A atribuição e gestão do espetro radioelétrico necessário para as redes 5G pode ser um processo complexo, especialmente em zonas densamente

povoadas.
6. Comunicação de dispositivo para dispositivo

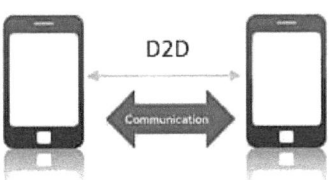

Fig 2.3 Comunicação D2D

A comunicação D2D é um novo conceito para melhorar a conetividade móvel, utilizando um dispositivo móvel como centro de dados para outros dispositivos que não podem aceder ao sinal da estação de base. A comunicação entre dispositivos é considerada um dos modos de comunicação mais eficientes em situações de emergência (como catástrofes naturais) em que a conetividade é limitada ou inexistente. No entanto, são necessários protocolos de transmissão de dados complexos para implementar a comunicação D2D.

7. **Serviço de latência ultra baixa**
As aplicações de missão crítica e os automóveis autónomos exigem serviços de latência ultra baixa para garantir um funcionamento sem problemas. Qualquer atraso pode causar resultados inesperados e devastadores em aplicações de missão crítica. É necessário obter uma latência inferior a 1 milissegundo para satisfazer as aplicações médicas, como as cirurgias à distância.

8. **Rede de Ultra Fiabilidade**
Os serviços e aplicações de emergência exigem uma rede altamente fiável para acionar imediatamente o aviso em situações críticas. Os dispositivos de monitorização da saúde, os dispositivos de cuidados remotos de doentes, os serviços de bombeiros e de salvamento, a polícia e os serviços de ambulância, etc., requerem uma rede sem fios para comunicar, quer por auto-ativação dos dispositivos, quer por iniciativa dos utilizadores.

A monitorização em tempo real de doentes (monitorização do açúcar no sangue, da tensão arterial e da pulsação) com necessidades especiais está a aumentar e esta tendência irá crescer no futuro. A interação entre o doente e o médico é importante para a comunicação, o diagnóstico e o tratamento.

Uma rede ultra fiável é importante para todas as aplicações de monitorização médica à distância.

9. **Interferência e cobertura:** A utilização de bandas de ondas milimétricas de alta frequência pode resultar numa cobertura limitada e na suscetibilidade a interferências de obstáculos como edifícios e árvores.

10. **Preocupações com a segurança:** Com o aumento da conetividade e a integração de infra-estruturas críticas nas redes 5G, a segurança torna-se uma preocupação primordial. A proteção contra as ciberameaças é um desafio permanente.

11. **Custo:** O desenvolvimento, a implantação e a manutenção das redes 5G podem ser dispendiosos, e esse custo pode ser transferido para os consumidores.
12. **Conformidade regulamentar:** É crucial garantir que as redes 5G estejam em conformidade com os regulamentos e normas locais e internacionais.
13. **Adoção pelo consumidor:** A adoção generalizada pelos consumidores de dispositivos e serviços compatíveis com 5G pode demorar algum tempo, em especial em regiões com infra-estruturas 4G existentes.
14. **Questões de privacidade:** Como as 5G permitem a recolha de grandes quantidades de dados, as questões de privacidade devem ser cuidadosamente abordadas para proteger as informações dos utilizadores.

Em conclusão, o 5G é uma tecnologia transformadora com potencial para revolucionar vários sectores e permitir novas aplicações. No entanto, também tem a sua quota-parte de desafios que precisam de ser resolvidos para que os seus benefícios sejam plenamente realizados.

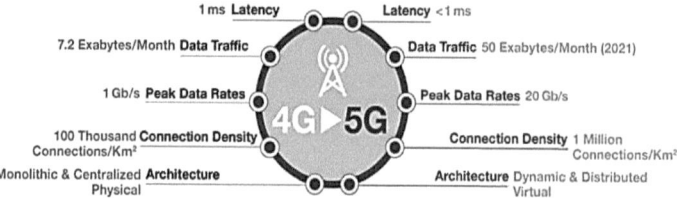

Fig.2.4 Diferença entre 4G e 5G

2.2 Fundamentos das tecnologias 5G

Os aspectos fundamentais da tecnologia 5G (quinta geração) giram em torno de vários princípios e características essenciais que a distinguem das suas antecessoras (4G, 3G, etc.).

Eis os aspectos fundamentais das tecnologias 5G:

1. **Taxas de dados mais elevadas:** O 5G oferece taxas de dados significativamente mais elevadas em comparação com as gerações anteriores. O seu objetivo é fornecer débitos de dados de pico de vários Gbps (Gigabits por segundo), permitindo descarregamentos e carregamentos mais rápidos.

2. **Baixa latência:** Um dos aspectos mais cruciais do 5G é a sua baixa latência. As redes 5G pretendem alcançar uma latência ultrabaixa, essencial para aplicações como veículos autónomos, cirurgia remota e realidade aumentada/virtual.

3. **Elevada densidade de dispositivos:** a tecnologia 5G foi concebida para suportar um grande número de dispositivos ligados por unidade de área. Isto é crucial para a Internet das Coisas (IoT), em que numerosos sensores e dispositivos precisam de comunicar em simultâneo.

4. **Melhoria da eficiência do espetro:** A 5G utiliza tecnologias avançadas como o MIMO maciço (Multiple Input Multiple Output) e a formação de feixes para utilizar melhor o espetro disponível, aumentando assim a eficiência espetral.

5. **Fatiamento de rede:** O 5G introduz o fatiamento da rede, que permite que a rede seja dividida em várias redes virtuais optimizadas para casos de utilização específicos. Cada fatia pode ter características diferentes, como baixa latência para aplicações industriais ou alta largura de banda para streaming de vídeo.

6. **Bandas de frequência diversificadas:** O 5G funciona numa gama mais alargada de bandas de frequência, incluindo sub-6 GHz e mmWave (onda milimétrica). A mmWave oferece uma largura de banda extremamente elevada, mas tem um alcance limitado, enquanto a sub-6 GHz oferece uma cobertura mais ampla.

7. **Conectividade maciça:** O 5G permite a comunicação maciça do tipo máquina (mMTC) para ligar eficientemente um vasto número de dispositivos IoT de baixa potência. Isto suporta aplicações como cidades inteligentes e agricultura inteligente.

8. **Melhorias na segurança:** O 5G inclui funcionalidades de segurança melhoradas para proteção contra a evolução das ciberameaças. Isto é essencial à medida que mais serviços e infra-estruturas críticas dependem das redes 5G.

9. **Eficiência energética:** as tecnologias 5G foram concebidas para serem mais eficientes em termos energéticos do que as gerações anteriores, o que é importante para prolongar a duração da bateria dos dispositivos e reduzir o impacto ambiental.

10. **Sincronização de rede:** As redes 5G incluem melhores capacidades de sincronização para suportar aplicações que requerem tempos precisos, como transacções financeiras e automação industrial.

11. **Modulação e codificação avançadas:** A 5G utiliza esquemas avançados de modulação e codificação para aumentar a eficiência espetral e melhorar as taxas de transmissão de dados.

12. **Arquitetura nativa da nuvem:** As redes 5G estão a fazer a transição para uma arquitetura nativa da nuvem, que permite aos operadores de rede implementar e escalar serviços de forma mais dinâmica e eficiente.

13. **Computação de borda:** A computação de ponta está estreitamente integrada com o 5G para reduzir a latência e processar os dados mais perto do local onde são gerados. Isto é vital para aplicações em tempo real, como veículos autónomos e realidade aumentada.

14. **Normas abertas:** As tecnologias 5G são construídas com base em normas abertas, permitindo a interoperabilidade entre equipamentos de diferentes fornecedores e promovendo a inovação.

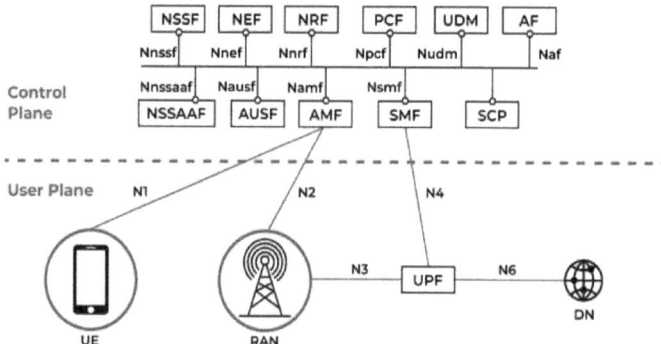

Fig 2.5 Fundamentos das tecnologias 5G

- "Taxas de dados mais elevadas", "baixa latência" e "conetividade maciça" representam as principais características do 5G.
- "Bandas de frequência diversificadas" mostra o amplo espetro utilizado pelo 5G.
- O "Network Slicing" destaca o conceito de redes virtuais personalizadas.
- As rubricas "Reforço da segurança" e "Eficiência energética" dão ênfase à melhoria da segurança e da eficiência.
- A "Arquitetura nativa da nuvem" e as "Normas abertas" representam a natureza aberta e baseada na nuvem das tecnologias 5G.

Estes aspectos fundamentais fazem coletivamente do 5G uma tecnologia transformadora, que permite uma vasta gama de aplicações em todos os sectores, desde os cuidados de saúde e transportes até ao entretenimento e fabrico. Constitui a base para o futuro da comunicação e conetividade sem fios.

2.3 Visão geral da arquitetura da rede central 5G

Tal como na geração anterior de redes de comunicações celulares, o sistema 3GPP 5G define um conjunto de arquitetura de blocos funcionais e não de implementação para estabelecer uma comunicação entre o UE (equipamento do utilizador) e o ponto final, por exemplo um AS (servidor de aplicações) na DN (rede de dados) ou dentro de outro

UE. A figura 5 mostra a arquitetura de comunicação 5G de extremo a extremo.

Fig. 2.6 Arquitetura 5G extremo-a-extremo

1. **Equipamento do utilizador (UE):** Representa os vários dispositivos utilizados pelos utilizadores finais, como smartphones, tablets, dispositivos IoT, entre outros.

2. **Rede de acesso via rádio (RAN):** A RAN consiste nas estações de base (por exemplo, gNodeB em 5G) e fornece a conetividade sem fios entre os UE e a rede de base. É responsável pela comunicação via rádio e pelos procedimentos de transferência.

3. **Rede central 5G (5GC):** A rede central 5G é a parte central da arquitetura, responsável pela gestão e controlo das funções de rede. Foi concebida para ser flexível, escalável e suportar uma vasta gama de serviços.

4. **Prestadores de serviços:** Estas são as organizações que oferecem serviços 5G aos utilizadores finais e às empresas. Eles se conectam ao 5GC para fornecer serviços.

5. **Funções de rede em 5GC:**
i. AMF (Função de Gestão do Acesso e da Mobilidade): responsável pelo seguinte
- Terminação da interface do plano de controlo da RAN (NG2)
- Terminação do NAS (NG1), cifragem NAS e proteção da integridade
- Gestão da Mobilidade
- Interceção legal (para eventos AMF e interface com o sistema de interceção legal)
- Proxy transparente para o encaminhamento de mensagens de autenticação de acesso e de SM
- Autenticação de acesso
- Autorização de acesso
- Função Âncora de Segurança (SEA): Interage com o UDM e a UE, recebe a chave intermédia que foi estabelecida como resultado do processo de autenticação da UE; no caso da autenticação baseada no USIM, a AMF recupera o material de segurança do UDM
- Gestão do contexto de segurança (SCM): recebe uma chave do SEA que utiliza para derivar chaves específicas da rede de acesso
ii. SMF (Session Management Function):
- Gestão de sessões
- Atribuição e gestão do endereço IP da UE (incluindo autorização opcional)
- Seleção e controlo da função do plano do utilizador
- Terminação das interfaces com as funções de controlo das políticas e de tarifação
- Parte de controlo da aplicação de políticas e QoS

- Interceção legal (para eventos de gestão de sessões e interface com o sistema de interceção legal)
- Terminação das partes de gestão de sessões das mensagens NAS
- Notificação de dados de ligação descendente
- Iniciador da informação de gestão da sessão específica do nó de acesso, enviada via AMF sobre NG2 para o nó de acesso
- Funcionalidade de roaming
- Tratar da aplicação local para aplicar SLAs de QoS (VPLMN)
- Recolha de dados de carregamento e interface de carregamento (VPLMN)
- Interceção legal (na VPLMN para eventos de gestão de sessões e interface com o sistema de interceção legal)

iii. UPF (Função do plano do utilizador):
Responsável pelo encaminhamento e pelo encaminhamento de dados.
As funções são
- Tratamento da QoS para o plano do utilizador
- Encaminhamento e encaminhamento de pacotes
- Inspeção de pacotes e aplicação de regras de política
- Interceção lícita (Plano do Utilizador)
- Contabilidade e relatórios de tráfego
- Ponto de ancoragem para a mobilidade Intra-/Inter-RAT (quando aplicável)
- Suporte para interação com DN externo para transporte de sinalização para autorização/autenticação de sessões PDU por DN externo

iv. PCF (Função de Controlo de Políticas): Aplica políticas e gere a QoS. Fornece:
- Suporte de uma estrutura de política unificada para governar o comportamento da rede
- Regras políticas para controlar a(s) função(ões) plana(s) que as aplicam

v. UDM (Gestão Unificada de Dados): Armazena e gere os dados dos assinantes.
- Apoios:
- Função de processamento e repositório de credenciais de autenticação (ARPF); esta função armazena as credenciais de segurança a longo prazo utilizadas na autenticação para AKA
- Armazenamento de informações de subscrição
- AUSF (Função de servidor de autenticação): Trata da autenticação e da segurança.
- NSSF (Função de Seleção de Fatia de Rede): Selecciona e gere os segmentos de rede.
- NEF (Função de Exposição de Rede): Fornece exposição de capacidades de rede a aplicações de terceiros autorizadas.
- AF (Função de Aplicação): Faz a interface com os servidores de aplicação e gere as funções específicas do serviço.
- CHF (CHF (Função de carregamento): Trata das funções de carregamento e faturação.

6. **Fatias de rede:** Uma das principais inovações do 5G é o fatiamento da rede. Ela

permite a criação de redes virtuais isoladas dentro do 5GC para atender a casos de uso específicos (por exemplo, IoT, automotivo, realidade aumentada) com características distintas (por exemplo, baixa latência, alta largura de banda).

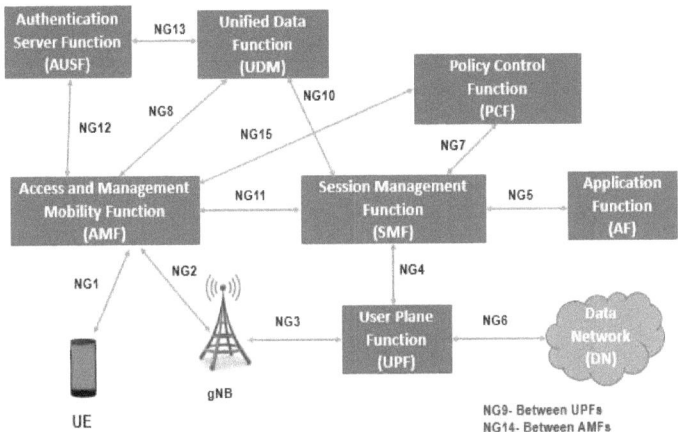

Fig 2.7 Diagrama simplificado da rede central 5G

No diagrama:
- O equipamento do utilizador (UE) liga-se à rede central 5G através da rede de acesso via rádio (RAN).
- A rede central 5G (5GC) é constituída por múltiplas funções de rede, cada uma com o seu papel específico.
- As fatias de rede podem ser criadas no 5GC para servir diferentes tipos de serviços e aplicações.

Nomeação da interface de rede,

À semelhança do que acontece com outras redes antigas, os requisitos técnicos 5G também atribuem nomes às interfaces, os quais são indicados a seguir:

- NG1: Ponto de referência entre a UE e a função de gestão do acesso e da mobilidade
- NG2: Ponto de referência entre o gNB e a função de gestão do acesso e da mobilidade
- NG3: Ponto de referência entre o gNB e a função de plano do utilizador (UPF)
- NG4: Ponto de referência entre a função de gestão de sessões (SMF) e a função de plano do utilizador (UPF)
- NG5: Ponto de referência entre a função política (PCF) e uma função de aplicação (AF)
- NG6: Ponto de referência entre a função do plano do utilizador (UPF) e uma rede de dados (DN)

- NG7: Ponto de referência entre a função de gestão de sessões (SMF) e a função de controlo de políticas (PCF)
- NG8: Ponto de referência entre a Gestão Unificada de Dados e o AMF
- NG9: Ponto de referência entre duas funções principais do plano do utilizador (UPF)
- NG10: Ponto de referência entre UDM e SMF
- NG11: Ponto de referência entre a função de gestão do acesso e da mobilidade (AMF) e a função de gestão de sessões (SMF)
- NG12: Ponto de referência entre a função de gestão do acesso e da mobilidade (AMF) e a função de servidor de autenticação (AUSF)
- NG13: Ponto de referência entre a UDM e a função de servidor de autenticação (AUSF)
- NG14: Ponto de referência entre 2 acessos e a função de gestão da mobilidade (AMF)
- NG15: Ponto de referência entre a PCF e a AMF em caso de cenário de não itinerância, V-PCF e AMF em caso de cenário de itinerância

Esta arquitetura permite que as redes 5G forneçam latência ultra-baixa, taxas de dados elevadas e suportem uma gama diversificada de casos de utilização, desde a banda larga móvel melhorada (eMBB) à comunicação massiva do tipo máquina (mMTC) e serviços de comunicação críticos (URLLC). Foi concebido para ser altamente flexível, acomodando as necessidades em evolução dos consumidores e das indústrias.

A rede de base é o segmento que liga a RAN aos servidores de aplicações internos dos operadores, ao subsistema multimédia IP ou à Internet. É composta por elementos comutados por circuitos e por pacotes. Historicamente, suportava apenas serviços comutados por circuitos (CS), mas mais tarde, com o advento da 3G, começou a suportar também serviços comutados por pacotes (PS). Os sistemas LTE e 4G apenas exigem suporte PS e, com o passar do tempo, espera-se que as redes de base apenas forneçam serviços IP/Ethernet. Os sistemas 2G iniciais suportavam CS apenas com elementos-chave como MSC e SMSC, e elementos comuns HLR, VLR, EIR e SGW*. Para suportar os serviços de dados, o SGSN e o GGSN foram introduzidos na versão-99 do 3GPP, que foi a primeira versão do UMTS (3G). A versão 4 (2001) dividiu o MSC em dois elementos funcionais, nomeadamente, um servidor MSC para sinalização e uma função de media gateway como plano do utilizador para reduzir os desafios operacionais. Mais tarde, a versão 5 (2002) introduziu o IMS, que foi desenvolvido principalmente para os dispositivos móveis 3G que comunicam através de IP com clientes SIP incorporados. Na versão 6 (2005), foi adicionado um novo nó funcional, ou seja, o BM-SC (Broadcast Multicast-Service Center), para suportar o MBMS. A versão 7 (2007) introduziu o conceito de tunelamento direto, que permite uma separação entre o plano de controlo e o plano do utilizador em direção às redes de núcleo de pacotes. A LTE (Versão 8) trouxe o EPC que foi concebido apenas para suportar serviços PS, incluindo elementos como o MME para gerir a mobilidade e a identidade do equipamento do utilizador e o Gateway (Serving e Packet) para o encaminhamento de pacotes e a ligação a redes externas, respetivamente. Os Rel-9, Rel-10 (LTE-Advanced/4G), Rel-11 e Rel-12 não introduziram quaisquer alterações arquitectónicas fundamentais no EPC. O Rel-13 introduziu o conceito de rede de núcleo dedicada (DCN) juntamente com a segmentação da rede, que será explicada mais adiante neste capítulo. Espera-se que as especificações sobre a rede central 5G sejam finalizadas no Rel-15 (2018) e no Rel-16 (2020). Para o 5G, é possível que o EPC ou a rede de base seja transferida para a nuvem com o apoio de tecnologias como SDN e NFV, abordando todos os tipos de serviços baseados em IP. O capítulo apresenta uma breve panorâmica do EPC, a evolução do EPC e a evolução do IMS, enquanto os pormenores sobre as redes de base podem ser consultados. Além disso, este capítulo também apresenta brevemente informações sobre a rede central 5G, a CDN (Content Delivery Network) e os OSS/BSS (Operational/Business Support Systems) LTE e 5G.

2.4 Nova rádio 5G (5G NR)

Uma das alterações significativas à arquitetura 5G é a especificação de rádio. O 5G introduz uma nova especificação de rádio denominada 5G New Radio (5G NR). O 5G New Radio, ou 5G NR, é um conjunto de normas que substitui a norma de comunicações sem fios 4G da rede LTE. Um objetivo importante do 5G NR é apoiar o crescimento das comunicações sem fios, melhorando a eficiência do espetro de radiação electromagnética para a banda larga móvel.

Definição: 5G New Radio (NR) é o padrão global para a tecnologia de interface aérea em sistemas de comunicação sem fio 5G. Especifica como os dados são transmitidos sem fios entre dispositivos (por exemplo, smartphones, dispositivos IoT) e a rede 5G. O 5G NR foi concebido para suportar transmissões com largura de banda equivalente à da fibra, necessárias para aplicações exigentes como o streaming de vídeo, bem como transmissões de baixa largura de banda utilizadas nas comunicações máquina-a-máquina em grande escala, sempre que necessário. O 5G NR também suportará transmissões com requisitos de latência extremamente baixos - uma consideração importante nas comunicações veículo-veículo e veículo-infraestrutura.

À semelhança das suas antecessoras, a norma 5G NR foi criada pelo 3rd Generation Partnership Project (3GPP), uma coligação de organizações de telecomunicações que criam normas técnicas para a tecnologia sem fios. A primeira iteração do 5G NR apareceu no 3GPP Release 15.

2.4.1 Como funciona o 5G NR?

O 5G NR emprega uma série de novas técnicas de engenharia que movem mais dados através da rede central mais rapidamente e revolucionam as operações discretas da interface aérea, que é a interação do dispositivo cliente com o hardware de rádio do fornecedor de rede. Algumas das melhorias introduzidas pelo 5G NR são as seguintes:

- diversidade de espetro que varia de várias centenas de quilohertz a ondas milimétricas (mmWave) para permitir vários casos de utilização, dimensões de células e débitos de dados;

- modulação -- novos métodos de multiplexagem ortogonal por divisão de frequências -- e técnicas de codificação de canais;

- algoritmos de reutilização de frequências, mesmo em ambientes densos;

- capacidades maciças de múltiplas entradas e múltiplas saídas e de formação de feixes evoluídos; e

- operações de tempo de ranhura desenvolvidas para fornecer comunicações de latência ultra-baixa.

Todas estas capacidades estão na base dos ganhos significativos do 5G NR em termos de capacidade, débito e cobertura.

2.4.2 Requisitos primários para 5G NR

Para que uma ligação se qualifique como 5G NR, devem ser cumpridos vários requisitos de desempenho e conetividade. Alguns desses requisitos são os seguintes:

- A ligação deve suportar ligações móveis sem fios.

- A conetividade tem de suportar a Internet das coisas (IoT), um conceito que inclui todos os vários dispositivos e ligações com ou sem fios que constituem a experiência digital de um utilizador, bem como dispositivos clientes sem cabeça do tipo sensor.

- Deve implementar uma conceção de sinalização simples. Isto significa que os sinais só são activados quando necessário, reduzindo a potência global de processamento exigida aos dispositivos clientes.

- A ligação deve utilizar uma largura de banda adaptável, o que permite que os dispositivos mudem para uma largura de banda baixa e uma potência inferior sempre que possível, poupando energia para quando forem necessárias larguras de banda mais elevadas.

- A 5G NR deve também impor requisitos rigorosos de transmissão de dados. Ao obrigar todos os utilizadores e ligações a respeitarem regras específicas, toda a rede se torna mais rápida e eficiente.

2.4.3 Benefícios do 5G NR

As vantagens do 5G New Radio, mesmo em relação às melhores redes LTE (Long-Term Evolution), são as seguintes

- maior capacidade de área sem fios;
- maior poupança de energia por dispositivo;
- menor período de tempo entre actualizações - ou seja, ciclo de tempo médio de criação de serviços reduzido;
- ligações melhoradas que ligam um maior número de utilizadores;
- tecnologia melhorada para manter a qualidade de uma ligação numa vasta área geográfica;
- maior velocidade e taxas de dados, o que significa que são processados mais bits por unidade de tempo; e
- maior eficiência na partilha de dados.

2.4.4 Modos de implantação 5G NR

Tal como acontece frequentemente com a implementação de novas tecnologias sem fios, existem várias formas de dar vida ao 5G NR num determinado local. O modo de implementação a utilizar depende de vários factores, incluindo a infraestrutura existente, a existência ou não de um projeto greenfield e os tipos de clientes esperados na área de serviço 5G NR.

Os três principais modos de implantação do 5G NR são os seguintes:

1. No **modo autónomo**, é implementado todo o paradigma técnico 5G. Não estão envolvidas bases técnicas residuais de 4G. E, se os clientes puderem tirar partido da

implantação, todos os benefícios do 5G serão realizados.

2. No **modo não autónomo**, um sítio é essencialmente um híbrido. Algumas infra-estruturas de rede 4G permanecem no local. Embora o lado da radiofrequência do 5G NR apresente benefícios, o seu uplink significa uma experiência global inferior, em comparação com o modo autónomo. Este modelo permite que as operadoras implementem gradualmente a arquitetura 5G completa nos locais, permitindo-lhes promover o seu progresso 5G.

3. No terceiro modo de implantação, a **partilha dinâmica do espetro**, a mesma frequência pode ser utilizada em modos 4G e 5G, utilizando antenas avançadas e processamento de transceptores. Isto significa que não é necessário dedicar uma única banda de espetro apenas a 4G ou 5G.

2.4.5 Espectro 5G NR

A norma 5G NR suporta uma série de bandas de baixa, média e alta frequência. Estão divididas em gama de frequências 1, que inclui bandas de frequência inferiores a 6 gigahertz; gama de frequências 2, que inclui bandas com uma gama baixa combinada com uma largura de banda elevada; e mmWave.

As bandas suportadas pelo 5G NR também incluem espetro licenciado e espetro não licenciado 5G NR- U, que incluem bandas que podem ser acedidas por qualquer pessoa. Esta grande diversidade de fatias de espetro é exclusiva do 5G NR, mas ajuda a satisfazer as exigências da tecnologia de utilização intensiva de espetro.

2.4.6 5G e LTE: Principais diferenças e como colmatar o fosso

À medida que o domínio da LTE cede lugar à 5G, é importante compreender a comparação entre as duas tecnologias.

A arquitetura da rede 5G NR irá divergir um pouco do modelo centrado em torres da LTE, porque as frequências mais elevadas em utilização exigem grandes quantidades de nós mais pequenos montados em postes e edifícios para levar a rede aos utilizadores. Enquanto as redes móveis das operadoras passam pelos rigores da atualização das suas infra-estruturas para 5G NR, os consumidores e as empresas podem acompanhar o progresso em vários sítios Web.

Para implantações privadas de 5G NR, o Serviço de Rádio de Banda Larga para Cidadãos oferece uma opção atraente. Também é importante notar que as redes 5G precisam de clientes compatíveis para tirar verdadeiramente partido da promessa da nova tecnologia, e estamos a ver cada vez mais dispositivos clientes 5G. Por último, o 5G NR continua a desenvolver-se por fases, tal como aconteceu com o 4G/LTE. Por isso, nem todas as redes 5G NR serão iguais do ponto de vista da capacidade e da capacidade num determinado momento.

O 5G NR traz avanços nas tecnologias celulares que não se encontram no 4G. Estes avanços proporcionam benefícios impressionantes e cumprem o objetivo final de serem ultra-fiáveis. Alguns dos avanços são os seguintes:

- **A numerologia flexível** é um conceito de engenharia complexo que permite a adaptação dinâmica das faixas horárias e do espaçamento entre subportadoras para obter uma baixa latência para as aplicações que dela necessitam, bem como proporcionar a coexistência entre LTE e NR, quando necessário.

- **O pedido de repetição automática híbrida (HARQ)** é ocasionalmente mencionado nos debates sobre 5G NR. O HARQ funciona nas camadas de rede mais baixas para otimizar de forma adaptativa as funções de correção de erros de avanço e de retransmissão para taxas de erro de bits mais baixas.

- **A duplexação por divisão de tempo (TDD)** é uma técnica em que as funções de ligação ascendente e descendente ocorrem na mesma frequência. Como era de se esperar, no 5G NR, o TDD foi reequipado para oferecer velocidade e flexibilidade.

- **O estado inativo** é uma melhoria da poupança de energia no 5G NR que aumenta o estado inativo e ligado do 4G. Na sua forma mais simples, o novo estado inativo reduz a carga no plano de controlo à escala em que muitos dispositivos precisam de sair do modo de suspensão para transmitir dados.

Algumas das principais alterações à função de rádio no 5G são:
Espectro: A tecnologia 5G suporta uma vasta gama de espectros, desde as bandas baixas abaixo de 1 GHz, passando pelas bandas médias de 1 GHz a 6 GHz, até às bandas

altas de 24/30 GHz a 300 GHz. Esta banda alta é designada por ondas milimétricas.
Latência: O 5G NR suporta latências mais baixas, inferiores a 10 milissegundos
Formação de feixes: O 5G NR suporta um grande número de antenas de entrada múltipla e saída múltipla (MIMO), o que lhe permite funcionar num ambiente de elevada interferência através de uma técnica denominada "formação de feixes". Esta técnica permite que os rádios 5G ofereçam tanto cobertura como capacidade.
Interfuncionamento com 4G: Coexistência com LTE (suportando LTE NR), através de uma rede de sobreposição, nos casos em que a cobertura 5G não está disponível.

2.4.7 Características principais:
1. **Taxas de dados mais elevadas:** O objetivo do 5G NR é fornecer taxas de dados significativamente mais elevadas em comparação com o 4G LTE, atingindo potencialmente velocidades de vários Gigabits por segundo. Isto permite downloads mais rápidos, streaming contínuo e experiências de utilizador melhoradas.

2. **Baixa latência:** Uma das características que definem o 5G NR é a sua latência ultrabaixa, que reduz o atraso entre o envio e a receção de dados para apenas alguns milissegundos. Esta baixa latência é crucial para aplicações em tempo real, como veículos autónomos e cirurgia remota.

3. **Conectividade massiva:** O 5G NR foi concebido para suportar um número massivo de dispositivos ligados em simultâneo, o que o torna ideal para a Internet das Coisas (IoT), onde milhares de milhões de sensores e dispositivos necessitam de comunicar de forma eficiente.

4. **Bandas de frequência diversificadas:** O 5G NR opera em uma ampla gama de bandas de frequência, incluindo sub-6 GHz e mmWave (onda milimétrica). Essa diversidade oferece ampla cobertura e alta largura de banda, atendendo a vários cenários de implantação.

5. **Antenas avançadas:** O 5G NR utiliza tecnologias de antena avançadas, como o MIMO (Multiple Input Multiple Output) maciço, para melhorar a eficiência espetral e aumentar a cobertura.

2.4.8 Casos de utilização:
- Banda larga móvel melhorada (eMBB): O 5G NR oferece velocidades de Internet mais rápidas, permitindo a transmissão de vídeo de alta qualidade, experiências imersivas de realidade aumentada/virtual e downloads rápidos.
- Comunicação Ultra-Religiosa de Baixa Latência (URLLC): As aplicações críticas, como os veículos autónomos, a cirurgia remota e a automação industrial, beneficiam da baixa latência e da elevada fiabilidade do 5G NR.
- Comunicação massiva do tipo máquina (mMTC): O 5G NR liga eficientemente um vasto número de dispositivos IoT, suportando aplicações em cidades inteligentes, agricultura e logística.

2.4.9 Componentes do 5G NR:

- Equipamento do utilizador (UE): Representa dispositivos como smartphones, tablets e dispositivos IoT que se comunicam com a rede 5G.

- gNodeB (Next-Generation NodeB): O gNodeB é a estação de base em 5G NR. Comunica com os UE e gere as ligações sem fios.

- Rede principal: A rede principal (não apresentada no diagrama) trata de funções como o encaminhamento de dados, a autenticação e a ligação a redes e serviços externos.

2.4.10 Neste diagrama simplificado:
- O equipamento do utilizador (UE) comunica com o gNodeB, que representa a estação de base 5G.
- O gNodeB está ligado à rede de base, que gere as funções de rede.
- As diversas bandas de frequência são representadas para realçar a flexibilidade do 5G NR.

O 5G NR está no centro da tecnologia 5G, fornecendo a conetividade sem fios que permite Internet de alta velocidade, aplicações de baixa latência, implementações massivas de IoT e muito mais. Representa um avanço significativo em relação às gerações anteriores e serve de base para o futuro da comunicação sem fios.

Os procedimentos básicos de transferência são os mesmos em todas as redes, ou seja, a UE comunica o relatório de medição com o **PCI** da célula vizinha e a **intensidade do sinal** à célula de origem, **a célula de origem** toma a decisão de iniciar o procedimento de transferência para a melhor célula de destino e **a célula de destino** conclui o **procedimento de transferência**.

- No 5G NG Handover é muito semelhante ao S1 Handover no LTE. O Handover NG é também designado por Handover inter gNB e Intra AMF. A transferência NG tem lugar quando a interface X2 não está disponível entre o gNB de origem e o gNB de destino ou se a interface X2 existe mas a restrição XnHO não é permitida na configuração do gNB.

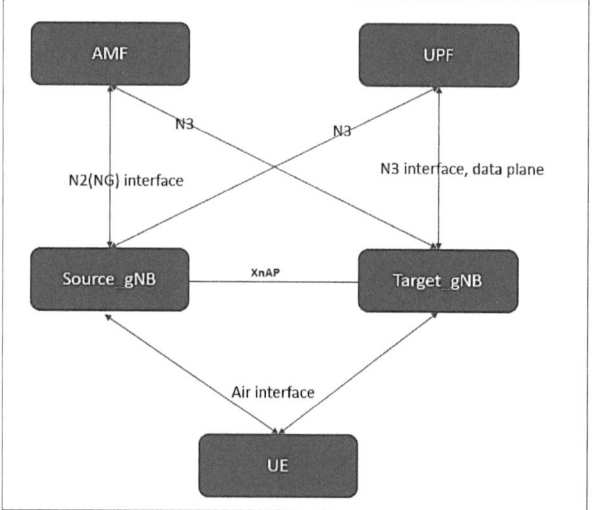

Fig 2.8 Novo rádio 5G

- NG(N2) A Handover pode ser **Intra Frequency** HO e **Inter Frequency** HO.
- Segue-se a arquitetura da transferência NG em 5G.

Em resumo, o 5G New Radio (NR) é a norma de comunicação sem fios que está na base das capacidades das redes 5G. Oferece taxas de dados mais elevadas, latência ultra-baixa, conetividade maciça e opera em diversas bandas de frequência. Estas características tornam-no um facilitador essencial para uma vasta gama de aplicações e casos de utilização, desde a banda larga móvel melhorada a serviços de comunicação críticos.

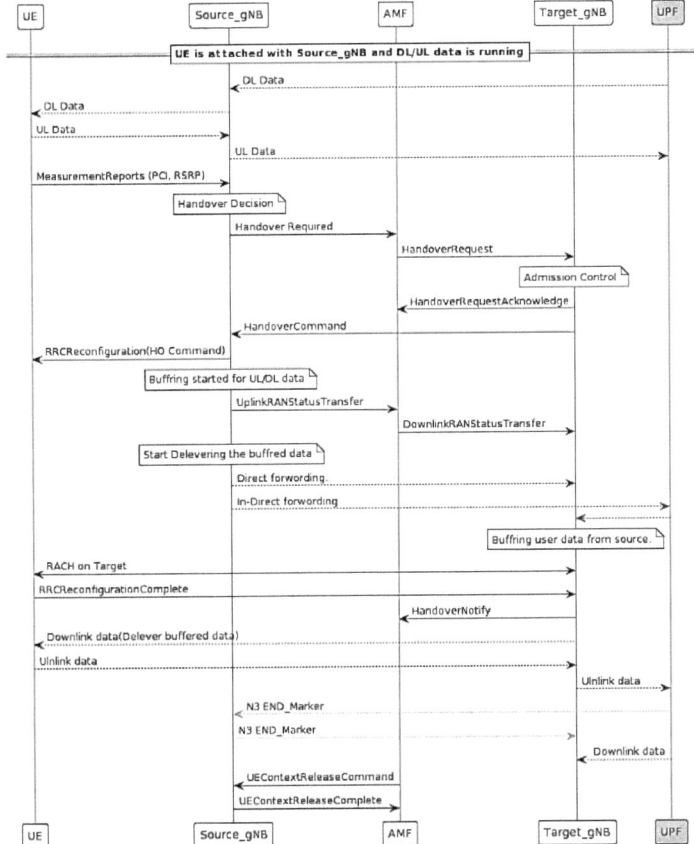

Fig 2.9 Diagrama de seguimento do novo rádio 5G

2.5 Tecnologia de nuvem

A tecnologia de nuvem é um tipo de tecnologia que permite aos utilizadores armazenar e aceder aos seus programas e dados utilizando a Internet. Isto é contrário à utilização de um disco rígido para armazenar e aceder a programas e dados. Com a tecnologia de nuvem, qualquer empresa pode aceder a uma poderosa infraestrutura de TI e software para crescer e expandir-se ainda mais. A tecnologia também lhes dá a capacidade de competir com empresas muito maiores. Com a tecnologia de nuvem, as empresas podem utilizar as soluções mais recentes sem investir em equipamento e hardware de TI dispendiosos.

2.5.1 Porquê a computação em nuvem com 5G?

A computação em nuvem é uma tecnologia comercial da qual muitas empresas dependem para aceder às mais recentes soluções no sector das TI. Com a computação em nuvem, as empresas podem aceder às melhores soluções de TI sem terem de comprar hardware caro e que consome muito espaço. Com a ajuda da tecnologia 5G, os fornecedores de serviços de computação em nuvem poderão fornecer uma solução mais eficiente para as empresas. Seguem-se os benefícios do 5G para as soluções alojadas na nuvem

-

- **Transferência de dados mais rápida** - Uma das vantagens da implantação da tecnologia 5G é a sua rápida taxa de transferência de dados. Com a tecnologia 5G, a computação em nuvem ajuda a acelerar o processo de transmissão de dados.
- **Armazenamento ininterrupto** - A computação em nuvem apoiada por um armazenamento ininterrupto ajudará muitas empresas a realizar operações complexas que exigem hardware que consome muito espaço. Em vez de optarem por soluções no local (que podem ser dispendiosas), muitas empresas preferem soluções na nuvem.
- **Fiabilidade com grandes volumes de dados** - O 5G para a computação em nuvem é importante, especialmente em grandes volumes de dados. Muitas empresas lidam com grandes conjuntos de dados a toda a hora. Preferem transferir todos esses dados a tempo. Desta forma, grandes quantidades de dados podem ser transferidas facilmente e em tempo real.
- **Aumento da produtividade** - Devido à eficiência e eficácia da tecnologia 5G, as empresas serão mais produtivas.

2.5.2 Impacto da nuvem no 5G

Os sistemas 5G e as soluções alojadas na nuvem são algumas das tecnologias em mudança no sector das TI. A utilização conjunta de ambas as tecnologias conduzirá a um mundo maior, cheio de oportunidades e inovações. A utilização conjunta de ambas as tecnologias tem muitas vantagens, tais como

- **Maior acessibilidade** - A utilização de uma rede 5G com computação em nuvem colmatará qualquer lacuna de largura de banda em diferentes regiões.

Também aumentará a disponibilidade de soluções de computação em nuvem em locais remotos.

- **Conectividade IoT** - A combinação de ambas as tecnologias conduzirá a uma rede de alta velocidade com baixa latência. Desta forma, os dispositivos e sistemas IoT podem aceder facilmente a soluções na nuvem. Esta conetividade conduzirá a uma melhor digitalização do negócio e a máquinas automatizadas.
- **Melhor conetividade no trabalho** - Quando a computação em nuvem é impulsionada pela tecnologia 5G, os sistemas de trabalho remoto são melhorados. Não haverá atrasos ou dificuldades técnicas, dando às organizações a capacidade de trabalhar a partir de qualquer local.
- **Sistemas de segurança melhorados** - A pirataria é sempre uma ameaça para as soluções de nuvem. Quando alimentado por 5G, isto irá atualizar o protocolo de segurança do sistema. Com o 5G, os ataques podem ser identificados facilmente, uma vez que os ambientes de nuvem híbrida são muito mais seguros/.
- **Suporta a computação periférica** - O desenvolvimento de soluções de computação em nuvem utilizando sistemas de rede 5G irá melhorar a computação periférica. Com a computação periférica, os sistemas remotos são melhorados com um menor consumo de largura de banda.
- **Fácil acesso aos clientes** - Com a tecnologia em nuvem e o 5G, torna-se possível que as máquinas comuniquem facilmente entre si. Desta forma, as comunicações serão mais fiáveis e as empresas terão um acesso mais rápido aos clientes.

Com o 5G, a computação em nuvem será avançada através de actualizações contínuas de software. Estas actualizações incluirão lançamentos de aplicações e de redes. A frequência da tecnologia terá de ser alinhada com a operação para evitar falhas na interoperabilidade. A nuvem precisa de mais desenvolvimento para se tornar totalmente compatível com o 5G. Para obter a melhor experiência, ambas as tecnologias podem ser desenvolvidas para maior eficiência.

2.5.3 Impacto do 5G na nuvem e nos centros de dados

A tecnologia 5G será extremamente benéfica para o sector da computação em nuvem. Isto deve-se ao facto de as inovações tecnológicas baseadas na nuvem serem mais eficientes. A tecnologia melhora a integração ao ter uma latência baixa ou nula, levando a melhores comunicações. Além disso, o objetivo dos fornecedores de serviços que utilizam ideias e tecnologia Cloud Native é atingir a dimensão da Web e as economias de escala. As grandes empresas, como a Intel e a IBM, estão a investir na computação em nuvem da rede. Isso envolve a extensão de plataformas de nuvem, tecnologias e recursos de virtualização em uma rede para torná-la mais ágil e escalável. As redes estão a aproveitar o 5G para migrar rapidamente para esta arquitetura definida por software para satisfazer as exigências operacionais e de aplicação à medida que as exigências de largura de banda dos consumidores e das empresas aumentam. Além disso, a nuvem é uma área benéfica para o armazenamento sem dispositivos em tudo, desde aplicações de cuidados de saúde a veículos autónomos, passando por wearables e aplicações móveis. Estas tecnologias terão um melhor desempenho se aproveitarem a nuvem e tiverem ligações 5G. A fiabilidade, o desempenho e a eficiência dos produtos e serviços baseados na nuvem deverão aumentar. Como resultado desses avanços, os gastos comerciais com a nuvem serão acelerados.

A interface aérea 5G New Radio (NR) é um dos aspectos mais importantes do 5G. Melhora o desempenho através da utilização de novos espectros móveis com capacidades de latência de alta velocidade. As capacidades URLLC (Ultra-Reliable Low Latency Communication) serão possibilitadas pelo 5G, permitindo casos de utilização como V2X e telecirurgia, bem como Cobots, em que se prevê que a latência de ponta a ponta seja de milissegundos. A capacidade eMBB (Enhanced Mobile Broadband) estará acessível no 5G para casos de utilização que exijam uma elevada taxa de dados, como a realidade aumentada e a realidade virtual.

À medida que as redes 5G se generalizam a nível mundial, podemos esperar ver aplicações ainda mais inovadoras que tirem partido das suas capacidades. O 5G terá uma série de implicações para o panorama da comunicação em nuvem. Em primeiro lugar, o 5G tornará possível fornecer serviços baseados na nuvem a dispositivos móveis com um desempenho muito melhor. Isto abrirá novas oportunidades para as empresas prestarem os seus serviços aos clientes em movimento. Em segundo lugar, o 5G permitirá suportar aplicações mais intensivas em termos de largura de banda em dispositivos móveis. Isto permitirá que as empresas ofereçam aplicações novas e inovadoras aos seus clientes. Em terceiro lugar, o 5G permitirá ligar mais dispositivos à nuvem. Isto permitirá às empresas recolher e analisar mais dados, que podem ser utilizados para melhorar os seus produtos e serviços. Permitirá fornecer serviços baseados na nuvem a dispositivos móveis com um desempenho muito melhor, suportar aplicações mais intensivas em termos de largura de banda e ligar mais dispositivos à nuvem. Isto abrirá novas oportunidades para as empresas prestarem os seus serviços aos clientes, oferecerem aplicações novas e inovadoras e recolherem e analisarem mais dados.

Existem alguns casos de utilização específicos de como o 5G pode afetar a comunicação na nuvem.

Realidade virtual e realidade aumentada: as altas velocidades e a baixa latência do 5G tornarão possível proporcionar experiências de realidade virtual e realidade aumentada através da nuvem. Isto poderá ser utilizado para formação, educação, entretenimento e outras aplicações.

Videoconferência: As altas velocidades e a baixa latência do 5G tornarão as videoconferências mais fiáveis e envolventes. Poderá ser utilizada para reuniões de negócios, educação e outras aplicações.

Jogos em linha: as velocidades elevadas e a baixa latência do 5G tornarão os jogos em linha mais reactivos e agradáveis. Isto pode ser utilizado para jogos casuais, jogos de competição e outras aplicações.

IoT: A elevada capacidade do 5G tornará possível ligar um grande número de dispositivos IoT à nuvem. Isto poderá ser utilizado para cidades inteligentes, automação industrial e outras aplicações.

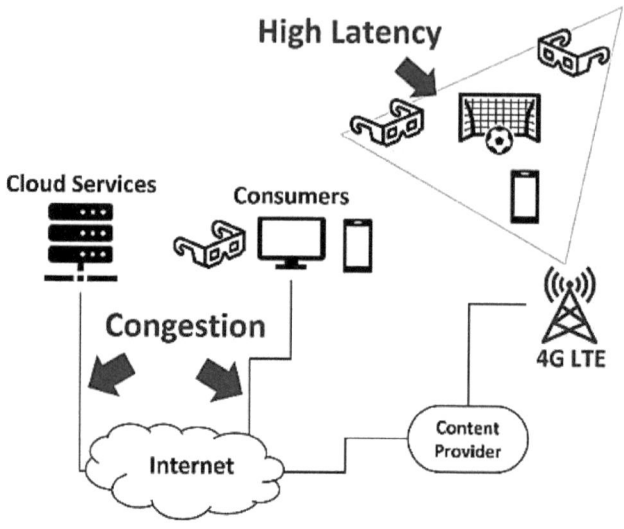

Fig 2.10 computação em nuvem

2.5.5 Necessidade de associar a 5g e a computação em nuvem

Muitas vezes, a partilha e o carregamento de ficheiros são prejudicados pelo congestionamento da rede. A rede tem problemas em fornecer uma largura de banda elevada para executar determinadas tarefas de forma consistente.

A capacidade de armazenamento sem dispositivo oferecida pela nuvem é uma capacidade útil em todos os sectores, desde os automóveis inteligentes e os cuidados de saúde até aos dispositivos portáteis. A fiabilidade, a eficiência e o acesso mais rápido são promessas feitas pelos produtos e serviços baseados na nuvem. A 5G impulsionará a integração destas tecnologias nas empresas, uma vez que a rede 5G proporcionará uma latência zero a ultra-baixa, permitindo comunicações mais fluidas.

A computação móvel em nuvem permite a utilização de menos recursos do dispositivo devido ao suporte da nuvem. Os recursos partilhados das aplicações móveis facilitam um desenvolvimento mais rápido e proporcionam fiabilidade com a criação de cópias de segurança dos dados na nuvem.

A nossa necessidade de rapidez e flexibilidade acelerou a procura de serviços de computação móvel em nuvem. Precisamos das capacidades da computação móvel em nuvem nas redes sociais, no correio eletrónico, nas finanças e no comércio, nos cuidados de saúde, etc.

2.6 Tecnologia de acesso via rádio (RATs)

2.6.1 Visão geral

Uma tecnologia de acesso via rádio (RAT) é o método de ligação física subjacente a uma rede de comunicações via rádio. Muitos telemóveis modernos suportam várias RAT num único dispositivo, como Bluetooth, Wi-Fi e GSM, UMTS, LTE ou 5G NR.

O termo RAT era tradicionalmente utilizado na interoperabilidade das redes de comunicações móveis[1]. Mais recentemente, o termo RAT é utilizado em debates sobre redes sem fios heterogéneas[2]. O termo é utilizado quando um dispositivo de utilizador selecciona entre o tipo de RAT utilizado para se ligar à Internet. Isto é muitas vezes feito de forma semelhante à seleção de pontos de acesso no IEEE Redes baseadas em 802.11 (Wi-Fi).

A definição das redes 5G de rádio e de núcleo tem sido um esforço combinado da indústria que começou com o trabalho nas especificações 3GPP Release-15.

A nova tecnologia de rádio 5G definida pelo 3GPP é simplesmente designada por "New Radio" e abreviada para NR.

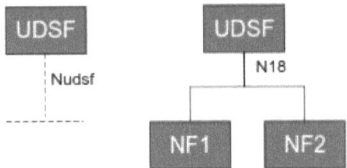

Fig 2.11 InterfacesUDSF.

2.6.2 Fundamentos das redes móveis

A parte da rede de rádio das redes móveis (redes celulares) consiste em várias estações de base de rádio, cada uma servindo a transmissão e receção sem fios de informações digitais numa ou várias "células", em que uma célula, neste contexto, se refere a uma parte mais pequena da área geográfica global que a rede serve.

Tradicionalmente, um caso típico de implantação é o de uma estação de base que serve três células através de configurações cuidadosas das antenas e do planeamento da utilização do espetro de rádio disponível. Ver Fig. 2.11. Note-se que as especificações 3GPP não impõem limitações ao número de células servidas por uma estação de base.

A dimensão e o contorno da célula são controlados por alguns factores, incluindo os níveis de potência da estação de base e dos terminais, as configurações das antenas e as bandas de frequência. Os sinais de rádio que utilizam frequências mais baixas propagam-se normalmente a distâncias mais longas do que os sinais de rádio que utilizam frequências mais altas, se for utilizado o mesmo nível de potência. O ambiente de propagação das ondas de rádio também tem um efeito significativo na dimensão da célula; existe uma grande diferença consoante existam muitos edifícios, montanhas, colinas ou florestas na área, em comparação com uma área circundante que seja bastante plana e maioritariamente desabitada.

Uma capacidade fundamental de uma rede celular é permitir a utilização da mesma frequência em várias células. Isto significa que a capacidade total da rede aumenta consideravelmente em comparação com o caso em que seriam necessárias frequências diferentes para cada local.

A forma mais intuitiva de permitir esta reutilização de frequências é garantir que as estações de base que suportam células que utilizam exatamente o mesmo subconjunto das frequências disponíveis estejam geograficamente localizadas a uma distância suficiente para evitar que os sinais de rádio interfiram uns com os outros.

Esta foi também a solução utilizada no GSM, a primeira geração de sistemas digitais (2G). No entanto, todas as gerações subsequentes de tecnologias de redes móveis têm funcionalidades que permitem que células adjacentes utilizem os mesmos conjuntos de frequências. Isto é conseguido com um processamento de sinal avançado que tem como objetivo minimizar a interferência de sinais indesejados transmitidos por células vizinhas.

As estações de base estão localizadas em sítios que são cuidadosamente seleccionados para otimizar a capacidade global e a cobertura dos serviços móveis. Isto significa que, em áreas onde estão presentes muitos utilizadores, por exemplo, no centro de uma cidade, as necessidades de capacidade são satisfeitas através da localização das estações de base mais próximas umas das outras, permitindo assim mais células (mas mais pequenas), enquanto no campo, onde não estão presentes tantos utilizadores, as células são normalmente maiores para cobrir uma grande área com o menor número possível de estações de base.

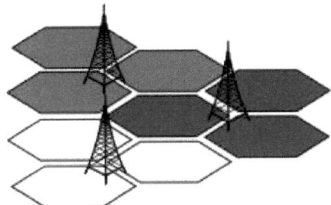

Fig. 2.12 O conceito de uma rede celular.

Todas as gerações de sistemas móveis digitais definidas pelo 3GPP desde os anos 90, desde o GSM (2G), passando pelo WCDMA (3G) e pelo LTE (4G), até ao NR (5G), suportam os conceitos básicos de transmissões digitais para muitos dispositivos num sistema celular, mas cada geração tecnológica fá-lo com soluções técnicas diferentes, o que resulta em diferenças nas capacidades e características dos serviços.

Note-se que o conceito celular pode ser melhorado para além das tradicionais células de três sectores, através da utilização opcional de objectivos multi-feixe, 3 5G

A fim de responder às expectativas e necessidades identificadas no mercado e na indústria para casos de utilização existentes e novos, foram definidos vários objectivos concretos em matéria de características de serviço para s e r v i r e m de objectivos de conceção para o trabalho de especificação 5G.

A um nível elevado, as tecnologias 5G são concebidas para satisfazer os requisitos de uma vasta gama de casos de utilização diferentes:

- Os requisitos para os serviços móveis de banda larga destinam-se principalmente a responder às necessidades de tratamento eficiente de volumes de dados muito grandes e crescentes na rede, através da otimização da capacidade da rede, e a proporcionar uma melhor experiência ao utilizador em partes maiores da rede.
- Por outro lado, os casos de utilização que visam um grande número de dispositivos pequenos ou baratos que suportam aplicações da Internet das coisas têm necessidades diferentes. Estas necessidades incluem, por exemplo, uma elevada eficiência energética para otimizar a duração da bateria destes dispositivos e uma elevada densidade de ligação para poder servir um grande número de dispositivos, mesmo numa área geográfica limitada.

- Por último, para as aplicações industriais críticas para as empresas, alguns dos requisitos mais importantes são uma latência muito baixa e uma fiabilidade muito elevada.

Os requisitos de serviço para redes 5G começaram a ser formulados por vários setores e reguladores em todo o mundo aproximadamente a partir de 2015. Estes foram resumidos pela União Internacional das Telecomunicações (UIT) no relatório ITU-R TR M.2410-0 (2017) como requisitos para uma "rede IMT-2020", em que IMT-2020 é o termo formal da UIT utilizado para as redes 5G. Os requisitos serviram de contributo para o estudo técnico correspondente no 3GPP, a partir do qual foram formulados requisitos no relatório técnico 3GPP TR 38.913.

O quadro da Fig. 2.12 apresenta um resumo de alto nível de alguns dos mais importantes requisitos dos serviços 5G.

Uma vez que os requisitos dependem dos casos de utilização e são bastante diversificados, a tecnologia de rádio NR tinha de ser concebida de forma flexível, de modo a poder suportar eficazmente uma vasta gama de casos de utilização.

Outro requisito importante é que o rádio NR possa ser implantado numa gama muito ampla de bandas de frequência, desde 450 MHz até mais de 52 GHz. Trata-se de uma gama que nenhuma tecnologia de acesso via rádio anterior (2G, 3G ou 4G) suportou.

A gama de frequências está dividida em duas partes:
- FR1 - Gama de frequências 1, que varia entre 450 MHz e 6 GHz e é normalmente designada por "banda média/baixa"
- FR2 - Gama de frequências 2, compreendida entre 24 GHz e 52 GHz e normalmente designada por "banda alta" ou "onda milimétrica" (mmwave)

A Fig. 2.12 mostra as bandas de frequência suportadas na FR1, informação extraída da TS 38.101-1 do 3GPP. Como se pode ver, existe uma vasta gama de bandas de frequências suportadas para utilização NR.

E na Fig. 3.45 está a lista muito mais curta de bandas de frequência suportadas em FR2, informação extraída da 3GPP TS 38.101-2.

Como se pode ver, o NR suporta os modos duplex TDD e FDD.

TDD é a abreviatura de "Time-Division Duplex" e significa que tanto o dispositivo como a estação de base utilizam as mesmas frequências quando transmitem, mas estão sincronizados para utilizar intervalos de tempo diferentes para evitar interferências. Normalmente, é configurado com uma divisão de capacidade estática entre o tráfego DL e UL, mas pode, opcionalmente, ser ajustado de forma dinâmica em células dedicadas, quando tal ajuda a otimizar o desempenho.

FDD é a abreviatura de "Frequency-Division Duplex" e significa que o dispositivo e a estação de base utilizam frequências diferentes para as respectivas transmissões. O FDD só é suportado nas bandas médias/baixas e não nas bandas altas, para as quais se utiliza sempre o TDD. Isto é uma consequência da situação regulamentar, das regras que devem ser seguidas pelos detentores de licenças de utilização do espetro. As bandas inferiores são historicamente emparelhadas, ou seja, uma banda para ligação ascendente e outra para ligação descendente. As bandas superiores estão normalmente sempre desemparelhadas, o que exige a utilização do TDD como esquema duplex.

SUL e SDL são a abreviatura de "Supplementary Uplink" (ligação ascendente suplementar) e "Supplementary Downlink" (ligação descendente suplementar), e são bandas utilizadas para complementar outras bandas para melhorar a capacidade total e/ou a cobertura do sistema.

Está fora do âmbito deste livro discutir todos os requisitos pormenorizados da rede de rádio. A informação sobre estes requisitos pode ser encontrada em algumas especificações 3GPP, das quais a 3GPP TS 22.261 fornece uma panorâmica e ligações a outros documentos relevantes.

2.6.3 Conceitos de canal de rádio NR

A NR foi concebida para satisfazer esta vasta gama de requisitos através da inclusão de vários conceitos tecnológicos fundamentais. Baseia-se em alguns dos conceitos tecnológicos utilizados na LTE, mas leva-os mais longe.

A tecnologia de modulação utilizada na NR é a OFDM. A OFDM é a mesma tecnologia utilizada na LTE, mas apenas na direção da ligação descendente.

A OFDM é uma tecnologia de modulação muito flexível, adequada para satisfazer a vasta gama de requisitos estabelecidos para a 5G. O conceito básico do OFDM é que o espetro radioelétrico total disponível é subdividido em vários subcanais, cada um com uma subportadora.

A capacidade disponível para cada dispositivo (resultante da utilização de subportadoras seleccionadas) pode ser controlada simultaneamente nos domínios do tempo e da frequência.

O OFDM também tem a vantagem de ser muito robusto contra o desvanecimento multipercurso, ou seja, as variações na intensidade do sinal que são típicas das comunicações móveis e que são causadas pelo facto de o sinal entre o transmissor e o recetor se propagar por vários caminhos ao mesmo tempo. As reflexões das ondas de rádio em vários objectos significam que chegam várias cópias do sinal à antena recetora, uma vez que estas não estão sincronizadas no tempo devido a distâncias de propagação ligeiramente diferentes.

2.6.4 Técnicas avançadas de antena

A fim de satisfazer alguns dos requisitos de capacidade e débito de dados muito elevados para os serviços 5G, é necessário utilizar dois conceitos técnicos designados por MIMO e Beamforming.

Estas tecnologias também são possíveis de implantar em redes LTE, mas a NR tem uma funcionalidade mais alargada, incluindo o suporte para lidar com dispositivos que estão em modo inativo. Isto significa que a sinalização durante a procura de células e para os pedidos de acesso pode utilizar a formação de feixes e o MIMO. A formação de feixes significa que a grande maioria da energia transmitida pelo emissor é direccionada para o recetor pretendido, em vez de ser espalhada por toda a célula. O recetor também ouve principalmente os sinais de rádio que vêm na direção do transmissor.

Isto melhora a relação sinal/ruído, o que é crucial para obter um maior débito de dados. É de notar que, numa implantação típica, o suporte para a formação de feixes na direção de receção é mais comum na estação de base do que no dispositivo.

As técnicas de feixes múltiplos significam que existem vários feixes de antena, cada um cobrindo uma parte mais pequena da célula. Estes feixes são dinamicamente controláveis e orientáveis, o que é utilizado para maximizar o desempenho através da otimização das características da ligação rádio para cada ligação a um dispositivo.

MIMO é a abreviatura de "Multiple-Input-Multiple-Output" e é uma técnica em que o mesmo conteúdo é transmitido simultaneamente na mesma frequência, mas através de mais do que um percurso de propagação, quer utilizando várias antenas, quer utilizando técnicas de formação de feixes.

O recetor combina ou selecciona o melhor dos diferentes sinais que recebe para aumentar a intensidade global do sinal recebido. Os sistemas de rádio 5G combinam normalmente estas duas técnicas.

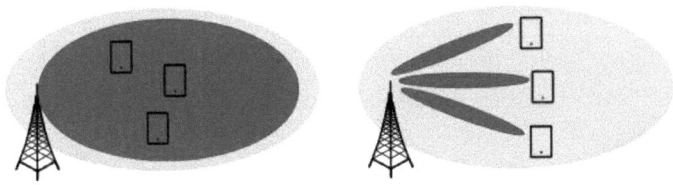

Fig 2.13 MIMO e MIMO de utilizador único

MIMO de utilizador único (SU-MIMO) significa transmitir duas ou mais cópias do mesmo fluxo de dados em direcções ligeiramente diferentes utilizando a formação de feixes, uma vez que se pode assumir que os sinais de rádio sofrerão alguma perda de energia à medida que atravessam vários tipos de material como vidro, madeira, etc. Os sinais serão reflectidos contra, por exemplo, carros e edifícios localizados entre o transmissor e o recetor. A combinação de vários sinais no recetor permitirá, por conseguinte, obter uma relação sinal/ruído agregada mais elevada e, consequentemente, um débito de dados mais elevado.

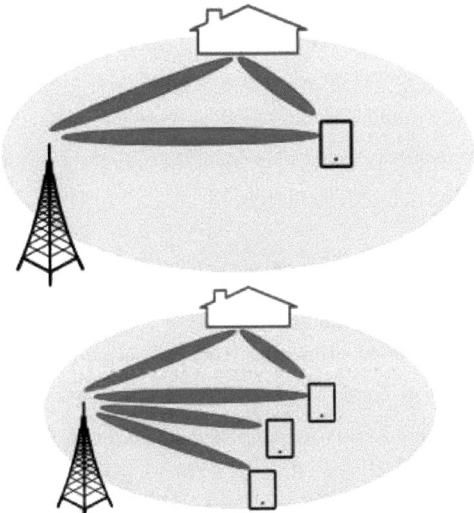

Fig 2.14 MIMO e MIMO de utilizador único

2.7 EPC para 5G

Tal como o Evolved Packet Core (EPC) 4G, o núcleo 5G agrega o tráfego de dados dos dispositivos finais. O núcleo 5G também autentica os assinantes e os dispositivos, aplica políticas personalizadas e gere a mobilidade dos dispositivos antes de encaminhar o tráfego para os serviços do operador ou para a Internet.

Embora o EPC e o 5G Core desempenhem funções semelhantes, existem algumas diferenças importantes, na medida em que o 5G Core é decomposto numa série de elementos de arquitetura baseada em serviços (SBA) e é concebido de raiz para uma separação completa do plano de controlo e do plano do utilizador. Em vez de elementos de rede física, o núcleo 5G compreende funções (ou serviços) de rede puras, virtualizadas e baseadas em software e pode, por conseguinte, ser instanciado em infra-estruturas de nuvem de computação periférica multiacesso (MEC).

Esta nova arquitetura dará aos operadores a flexibilidade de que necessitam para satisfazer os diversos requisitos de rede de todos os diferentes casos de utilização 5G, indo muito além dos serviços fixos sem fios ou de banda larga móvel de alta velocidade. E no centro da nova arquitetura de núcleo 5G está a conceção de software nativo da nuvem.

Para ilustrar como a rede central 5G será diferente do EPC atual, eis algumas das novas funções de rede 5G que terá de conhecer:

- **Função do plano do utilizador (UPF).** Emergindo das estratégias de separação do plano de controlo e do plano do utilizador (CUPS) definidas nas especificações 5G New Radio não autónomas, a UPF do núcleo 5G representa a evolução da função do plano de dados do Packet Gateway (PGW). Essa separação permite que o encaminhamento de dados seja implantado e dimensionado de forma independente, de modo que o processamento de pacotes e a agregação de tráfego possam ser distribuídos para a borda da rede. Para obter mais detalhes, consulte nosso guia de referência UPF.

- **Função de gestão do acesso e da mobilidade (AMF).** Com a Entidade de Gestão da Mobilidade (MME) do EPC 4G decomposta em dois elementos funcionais, a AMF recebe toda a informação sobre a ligação e a sessão do equipamento do utilizador final ou da RAN, mas apenas trata das tarefas de gestão da ligação e da mobilidade. Tudo o que tem a ver com a gestão da sessão é encaminhado para a função de gestão da sessão (SMF). Para mais pormenores, consulte o nosso guia de referência AMF.

- **Função de gerenciamento de sessão (SMF).** Componente fundamental do SBA 5G, a SMF é responsável por interagir com o plano de dados dissociado, criando, actualizando e removendo sessões de Protocol Data Unit (PDU) e gerindo o contexto da sessão no âmbito da UPF. Separando outras funções do plano de controlo do plano do utilizador, a SMF desempenha também o papel de servidor DHCP (Dynamic Host Configuration Protocol) e de sistema IPAM (IP Address Management). Para obter mais detalhes, consulte nosso guia de referência do SMF.

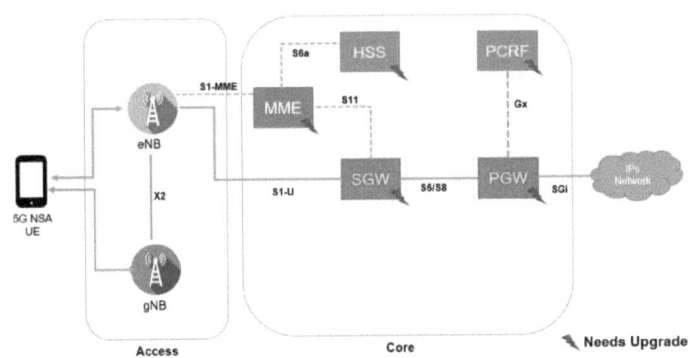

Fig 2.15 EPC

- **MME**
  - Suporta elevada largura de banda com QoS alargada.
  - Suporta o controlo de acesso à assinatura 5G (bit DCNR, RAT secundário).
  - Apoio à comunicação de tráfego RAT secundário.

- **SGW/PGW**
  - Suporta elevada largura de banda com QoS alargada.
  - Apoio à comunicação de tráfego RAT secundário.
- **HSS**
  - A largura de banda máxima garantida AMBR adiciona a largura de banda máxima de ligação ascendente/descendente.
  - Extended-Max-Requested-BW-UL.
  - Extended-Max-Requested-BW-DL.
- **PCRF**
  - É adicionado um novo AVP [pares atributo-valor] de largura de banda alargada QoS à interface Gx.
  - Extended-Max-Requested-BW-DL e Extended-Max-Requested-BW-UL AVP.
  - AVP Extended-GBR-DL e Extended-GBR-UL.
  - Extended-APN-AMBR-DL e Extended-APN-AMBR-UL AVP.

Estas são apenas algumas das novas funções de rede da arquitetura baseada em serviços do núcleo 5G. As mudanças são bastante radicais em comparação com o actual EPC 4G, e um dos factores mais importantes que permitirão a nova Arquitetura Baseada em Serviços são as metodologias de conceção e implementação verdadeiramente nativas da nuvem. As funções da rede 5G Core terão de ser massivamente escaláveis, altamente fiáveis e suportar operações automatizadas. Como já dissemos muitas vezes aqui no blogue, o futuro do 5G será nativo da nuvem.

Duas Marcas Perguntas e Respostas

1. **Quais são as principais características do 5g?**

- Velocidades 5G
- Latência reduzida
- Aumento da capacidade
- Fatiamento de rede
- Fiabilidade melhorada

2. **Definir banda larga móvel melhorada.**

A banda larga móvel melhorada é derivada das redes 4G LTE. É um dos três serviços ou casos de utilização definidos pelo 3GPP para a implantação de aplicações 5G NR. O objetivo do eMBB é fornecer maior largura de banda com melhor latência para aplicações como a realidade aumentada (AR), a realidade virtual (VR) e os media 4K.

3. **Qual é o princípio do OFDM?**

O conceito OFDM baseia-se na propagação dos dados de alta velocidade a transmitir num grande número de portadoras de baixa velocidade. As portadoras são ortogonais entre si e o espaçamento de frequência entre elas é criado através da utilização da transformada rápida de Fourier (FFT).

4. O que é a arquitetura baseada em serviços no núcleo 5G?

A arquitetura baseada em serviços do núcleo 5G é uma arquitetura plana que separa as funções do plano de controlo (CP) das funções do plano do utilizador (UP).

5. Qual é a diferença entre micro serviços e arquitetura baseada em serviços?

A principal diferença entre SOA e micro serviços tem a ver com o âmbito da arquitetura. Num modelo SOA, os serviços ou módulos são partilhados e reutilizados em toda a empresa, ao passo que uma arquitetura de microsserviços é construída com base em serviços individuais que funcionam de forma independente.

6. O que significa EPC em 5G?

Atualmente, a grande maioria das implantações 5G comerciais baseia-se na tecnologia NR não autónoma (NSA), que utiliza o acesso rádio LTE existente para a sinalização entre os dispositivos e a rede, e nas redes Evolved Packet Core (EPC), que são melhoradas para suportar a 5G NSA.

7. Quais são os componentes da arquitetura RAN 5G?

O gNB incorpora três módulos funcionais principais: a Unidade Centralizada (CU), a Unidade Distribuída (DU) e a Unidade de Rádio (RU), que podem ser utilizados em múltiplas combinações.

8. O que é a arquitetura Nef em 5G?

A função de exposição da rede é uma das capacidades incorporadas nativamente na rede 5G. As aplicações podem subscrever certas alterações na rede e comandar a rede para explorar as suas capacidades programáveis, fornecendo novos serviços inovadores aos utilizadores finais.

9. Qual é a diferença entre RAN e núcleo?

A RAN liga o equipamento do utilizador, como um telemóvel, um computador ou qualquer máquina controlada remotamente, através de uma ligação de fibra ou de backhaul sem fios. Essa ligação vai para a rede central, que gere as informações dos assinantes, a localização e muito mais.

10. O que é a tecnologia de acesso múltiplo via rádio?

A tecnologia de acesso por rádio múltiplo é um dispositivo móvel que pode ligar-se a mais do que um tipo de rede celular. Por exemplo, os telemóveis podem geralmente ligar-se a redes 2G e 3G ou a redes 2G, 3G e LTE. Ver gerações celulares e rádio múltiplo.

UNIDADE III: ARQUITECTURA DE REDE E PROCESSOS

Arquitetura e núcleo 5G, fatiamento da rede, computação periférica multiacesso (MEC), visualização de componentes 5G, arquitetura do sistema extremo-a-extremo, continuidade do serviço, relação com o EPC e computação periférica. Protocolos 5G: 5G NAS, NGAP, GTP-U, IPSec e GRE.

ARQUITECTURA DA REDE E PROCESSOS
3.1 Introdução

A arquitetura de rede é a conceção estrutural de uma rede que define a forma como os dados, dispositivos e serviços são organizados e interligados. Esta arquitetura é fundamental para permitir a comunicação, a transferência de dados e vários serviços dentro de uma rede. Segue-se uma breve introdução à arquitetura de rede e aos processos que esta engloba:

3.1.1 Arquitetura de rede

- A arquitetura de rede define o modelo de uma rede, especificando os seus componentes, a sua estrutura e o modo como funcionam em conjunto.
- Inclui elementos de hardware, como routers, switches, servidores e cablagem, bem como componentes de software, como protocolos e medidas de segurança.
- A arquitetura da rede desempenha um papel fundamental para garantir que os dados possam fluir de forma eficiente e segura entre dispositivos e serviços.

Processos-chave na arquitetura de redes:

1. Encaminhamento de dados:
- O encaminhamento de dados envolve a determinação do caminho que os pacotes de dados seguem desde a origem até ao destino dentro de uma rede.
- Os routers e switches são componentes-chave que gerem este processo, garantindo que os dados chegam ao destinatário pretendido.

2. Transferência de dados:
- Os processos de transferência de dados centram-se na forma como os dados são transmitidos e recebidos entre dispositivos.
- Protocolos, como o TCP/IP, regem a forma como os dados são empacotados, transmitidos e remontados no destino.

3. Segurança e autenticação:
- Os processos de segurança incluem a implementação de medidas como firewalls, encriptação e autenticação para proteger os dados contra acesso não autorizado e ameaças.

4. Escalabilidade:
- A arquitetura da rede deve ser escalável, capaz de acomodar o crescimento em termos de dispositivos, volume de dados e utilizadores.
- Este processo implica a conceção de redes que possam expandir-se à medida das necessidades, sem perturbações significativas.

5. Balanceamento de carga:
- O balanceamento de carga assegura que os recursos da rede são distribuídos uniformemente para evitar congestionamentos e otimizar o desempenho.
- Isto pode ser conseguido através de equilibradores de carga que direccionam o tráfego para os servidores disponíveis.

6. Redundância e tolerância a falhas:
- As redes são concebidas com redundância para fornecer componentes ou caminhos de reserva em caso de falha, garantindo a disponibilidade e fiabilidade da rede.

7. Acompanhamento e gestão:

- Os processos de monitorização e gestão contínuas envolvem o acompanhamento do desempenho da rede, o diagnóstico de problemas e a aplicação de configurações ou actualizações, conforme necessário.

Em conclusão, a arquitetura de rede e os processos que lhe estão associados são fundamentais para criar redes eficientes, seguras e adaptáveis que facilitem a transferência e a comunicação de dados. Os arquitectos e administradores de redes desempenham um papel fundamental na concepção, implementação e manutenção de arquitecturas de redes para satisfazer as exigências da comunicação moderna e do intercâmbio de dados.

3.2 Arquitetura e núcleo 5G

Introdução:

A rede 5G representa a última geração da tecnologia de telecomunicações móveis, prometendo velocidades mais rápidas, menor latência e a capacidade de suportar uma vasta gama de aplicações e serviços. Para que tal seja possível, assenta numa arquitetura de rede sofisticada com um núcleo robusto.

3.2.1 Arquitetura da rede 5G

A arquitetura da rede 5G foi concebida para ser altamente flexível, escalável e adaptável para satisfazer as diversas necessidades da comunicação moderna. A arquitetura da rede 5G inclui três componentes principais: o equipamento do utilizador (UE), a rede de acesso via rádio (RAN) e a rede de base. A rede de base é a parte central desta arquitetura. É composta por três componentes principais:

1. **Equipamento do utilizador (UE):** Engloba a grande variedade de dispositivos que os utilizadores finais utilizam para aceder a redes 5G,

incluindo smartphones, tablets e um mundo em constante expansão de dispositivos IoT.

- Os UE representam dispositivos como smartphones, tablets e dispositivos IoT utilizados pelos consumidores.
- Os UE são os pontos finais onde os dados são gerados ou consumidos.

2. **Rede de acesso via rádio (RAN):** A RAN é o intermediário entre os UE e a rede de base. Inclui estações de base e antenas que permitem a comunicação e a conetividade sem fios.

- A RAN é constituída por estações de base e antenas que facilitam a comunicação sem fios entre os UE e a rede.
- Gere as ligações de rádio e assegura uma transmissão de dados sem falhas.

3. **Rede principal:** A rede principal é o núcleo central das operações 5G. A rede principal é o coração da arquitetura 5G, responsável pela gestão da rede, pelo encaminhamento de dados e pela prestação de serviços.
É constituído por vários componentes-chave:
- Função do plano de controlo (CP): Gere a sinalização e as mensagens de controlo, incluindo a configuração de chamadas, a gestão da mobilidade e as funções de rede.

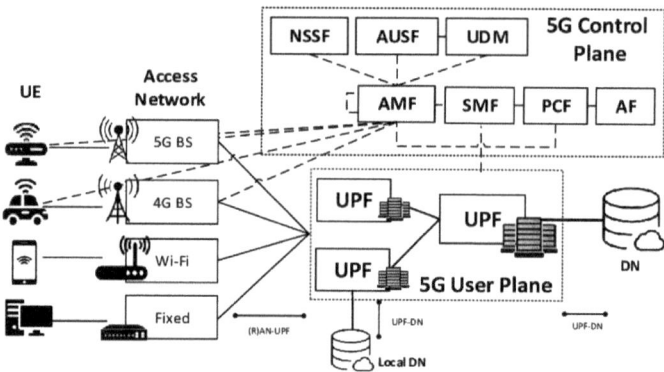

Fig 3.1 **Arquitetura 5G** básica

- Função do plano do utilizador (UPF): Trata o tráfego de dados efetivo, encaminhando-o de forma eficiente entre UEs e serviços.
- A rede principal também incorpora tecnologias de ponta, como a virtualização das funções de rede (NFV) e a rede definida por software (SDN), permitindo uma gestão dinâmica e flexível da rede.
- Fatiamento de rede: Um recurso inovador que permite a criação de redes virtuais personalizadas para serviços ou aplicativos específicos.

- As medidas de segurança, incluindo os mecanismos de cifragem e autenticação, estão integradas na rede principal para salvaguardar os dados e a privacidade dos utilizadores.

3.3 Rede de base em 5G

A rede central em 5G representa a espinha dorsal da quinta geração da tecnologia de telecomunicações móveis. É o componente central e essencial responsável pela gestão das funções de rede, pelo encaminhamento de dados e pela prestação de serviços. Desempenha um papel fundamental na gestão da rede, no encaminhamento de dados e na prestação de serviços aos utilizadores finais. A integração das tecnologias NFV e SDN permite uma atribuição e gestão eficientes dos recursos, garantindo um desempenho ótimo. O Network Slicing permite ainda a personalização de serviços, tornando-o adequado para várias aplicações.

A segurança e a privacidade dos dados são fundamentais no 5G. Medidas de segurança robustas, como mecanismos de encriptação e autenticação, são implementadas a vários níveis na rede principal para salvaguardar informações sensíveis.

1. **Plataforma central das operações 5G:**

- A rede principal é o núcleo central da arquitetura da rede 5G, semelhante ao cérebro de todo o sistema.
- Gere e controla as operações da rede, assegurando o fluxo eficiente de dados e serviços.

2. **Plano de Controlo e Plano do Utilizador:**

- Na rede principal, existem dois componentes principais:
- Função do plano de controlo (CP): Este componente é responsável pelo tratamento da sinalização, das mensagens de controlo e das funções de rede. Gere tarefas como a configuração de chamadas, a gestão de sessões e a gestão da mobilidade.
- O PC é responsável pela gestão das mensagens de sinalização e de controlo na rede.
- Trata de tarefas como a configuração de chamadas, a gestão de sessões e a gestão da mobilidade.
- Esta função garante que os recursos da rede são atribuídos de forma eficiente e que a comunicação é estabelecida e mantida.
- Função do plano do utilizador (UPF): A UPF gere o tráfego de dados real, encaminhando eficazmente os pacotes de dados entre o equipamento do utilizador (UE) e as redes externas.
- A UPF é responsável pelo tratamento do tráfego de dados efetivo na rede.
- Encaminha eficazmente os pacotes de dados entre o equipamento do

utilizador (UE) e a rede externa, assegurando uma transferência de dados sem problemas.

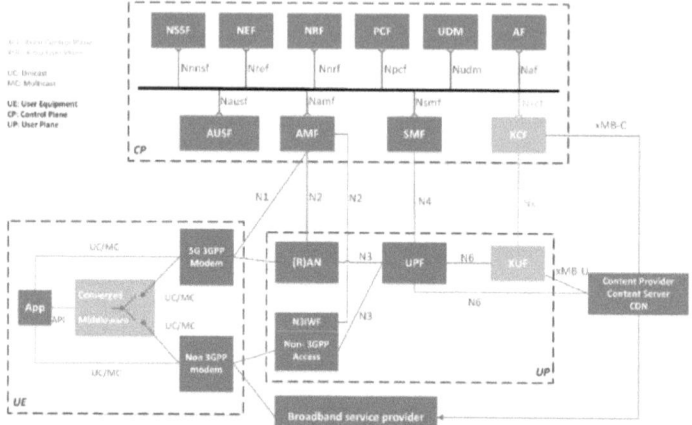

Fig 3.2 Rede básica de base

3. **Virtualização e flexibilidade da rede:**
- A rede principal incorpora tecnologias de ponta, como a virtualização das funções de rede (NFV) e a rede definida por software (SDN).
- A NFV permite a virtualização das funções de rede, executando-as como software em servidores normais. Esta virtualização aumenta a flexibilidade e a escalabilidade da rede.
- A NFV é uma tecnologia que permite que as funções de rede, tradicionalmente implementadas utilizando hardware dedicado, sejam virtualizadas e executadas como software em servidores normais.
- Esta virtualização aumenta a flexibilidade, a escalabilidade e a rentabilidade da rede. Permite a atribuição dinâmica de recursos de rede com base na procura.
- A SDN separa o plano de controlo do plano de dados, proporcionando um controlo centralizado dos recursos da rede, o que resulta numa gestão dinâmica e programável da rede.
- A SDN é uma arquitetura de rede que separa o plano de controlo do plano de dados.
- Proporciona um controlo centralizado da rede, permitindo uma gestão dinâmica e programável dos recursos da rede.
- A SDN aumenta a agilidade da rede, facilitando a adaptação a requisitos e padrões de tráfego em constante mudança.

4. **Redes personalizadas com fatiamento de rede:**
- O Network Slicing é uma caraterística inovadora do 5G. Permite a criação de redes virtuais dentro da infraestrutura de rede física.

- Estas redes virtuais, ou "fatias", podem ser personalizadas para serviços ou aplicações específicas, garantindo que cada serviço obtém os recursos e o desempenho de que necessita.

5. **Medidas de segurança para a proteção de dados:**
   - A segurança é de extrema importância no 5G, dado o aumento do volume de dados e o número crescente de dispositivos ligados.
   - A rede principal integra medidas de segurança robustas, incluindo mecanismos de cifragem e autenticação, para salvaguardar os dados e a privacidade dos utilizadores.
   - A segurança é um aspeto crítico da rede central em 5G. Mecanismos de segurança reforçados, incluindo a encriptação e a autenticação, são integrados a vários níveis para proteger os dados e a privacidade dos utilizadores.
   - Com o crescente volume de dados e o aumento do número de dispositivos ligados, é essencial uma segurança robusta.

6. **Fatiamento de rede:**
   - O fatiamento de rede é um recurso exclusivo do 5G que permite a criação de redes virtuais dentro da infraestrutura de rede física.
   - Estas redes virtuais podem ser personalizadas para serviços ou aplicações específicos, garantindo que cada um obtém os recursos e o desempenho de que necessita.

Essencialmente, a arquitetura de rede 5G, com a sua rede central avançada, está preparada para revolucionar a comunicação, permitindo uma vasta gama de aplicações, desde a Internet móvel de alta velocidade à Internet das Coisas (IoT) e à realidade aumentada, mantendo simultaneamente os mais elevados padrões de segurança e desempenho.

3.4 Fatiamento de rede

A 5G permitirá novos serviços e novos modelos de negócio que não eram possíveis utilizando tecnologias sem fios mais antigas, como a 4G. Espera-se que a tecnologia 5G proporcione uma experiência de utilizador consistente e altamente fiável para uma grande variedade de casos de utilização. Por exemplo, a infraestrutura 5G tem de suportar uma aplicação de contagem inteligente, em que vários milhares de dispositivos de contagem de serviços públicos estão continuamente a enviar pequenos pedaços de informação durante um longo período de tempo. Este caso de utilização não é sensível à latência, mas espera que a rede seja dimensionada para vários milhares de dispositivos. E, ao mesmo tempo, o 5G tem de suportar um veículo autónomo em movimento rápido que consome muitos dados e espera um tempo de resposta inferior a um milissegundo.
Construir uma infraestrutura de rede que responda às necessidades de uma

grande variedade de casos de utilização e, ao mesmo tempo, satisfaça as expectativas de desempenho é um grande desafio. A arquitetura 5G introduz um novo conceito denominado "Network Slicing" (divisão da rede), para satisfazer as exigências de escalabilidade e de experiência do utilizador de uma grande variedade de casos de utilização.

3.4.1 O que é o Network Slicing?

O fatiamento de rede permite que os provedores de serviços 5G dividam uma única rede física (desde o rádio até a rede principal) em várias redes virtuais. Cada fatia de rede pode ter diferentes limites de velocidade, diferentes latências e diferentes configurações de qualidade de serviço.
O fatiamento da rede é um recurso de ponta a ponta oferecido pela infraestrutura 5G, desde a rede de acesso via rádio (RAN) até o 5G NG-Core. Cada uma das fatias de rede terá as suas próprias definições de configuração e características de desempenho.
Cada fatia de rede é optimizada para satisfazer as necessidades de um determinado caso de utilização 5G. Por exemplo, os contadores inteligentes funcionarão numa fatia de rede separada, em comparação com os veículos autónomos.
O fatiamento da rede é possível graças aos avanços na virtualização das funções de rede, nas redes definidas por software e na nuvem. Uma implementação de fatiamento de rede na rede de rádio, bem como na rede central, pode ser baseada em recursos físicos ou recursos de rede virtualizados/lógicos.
Na rede de base, uma fatia de rede pode ter as suas próprias instâncias de funções de rede virtual dedicadas, executadas na nuvem Telco. Isto permite que os fornecedores de serviços ofereçam serviços personalizados aos seus clientes e, ao mesmo tempo, optimizem os custos da infraestrutura.

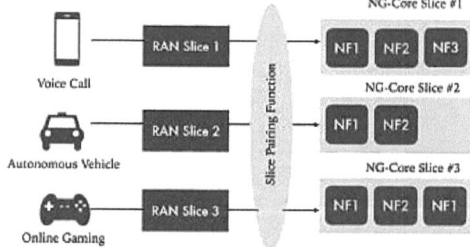

Fig. 3.3 - ARQUITECTURA DE LICITAÇÃO DA REDE

Cada fatia de rede fornece um conjunto de capacidades de rede, níveis de desempenho e Acordos de Nível de Serviço (SLA) específicos aos serviços que funcionam no topo da rede.
Os serviços são mapeados para instâncias de fatia de rede com base nas suas capacidades, níveis de desempenho e SLAs. Uma fatia de rede pode ser

dedicada a um determinado serviço ou pode ser partilhada por vários serviços. Por exemplo, uma fatia de rede que suporta o serviço de jogos online (sensível a alta largura de banda e latência) também pode suportar o serviço de realidade virtual. Uma fatia de rede que suporta a navegação na Web (serviço pouco sensível à largura de banda e à latência) pode também suportar serviços IOT que recolhem dados analíticos. O mapeamento da fatia RAN para a fatia NG-Core é efectuado pela função de emparelhamento de fatias. A função de emparelhamento de fatias pode residir num sistema de gestão de rede ou como uma aplicação executada sobre um controlador SDN.

3.4.2 Requisitos para o fatiamento da rede

Seguem-se alguns dos requisitos para a implementação da segmentação da rede numa rede 5G:
- O fornecedor de serviços deve ser capaz de configurar/gerir um segmento de rede dinamicamente com base nas necessidades do cliente
- Os fornecedores de serviços devem poder gerir cada segmento de rede separadamente sem afetar as características de desempenho de outros segmentos de rede
- Fornecer segurança para os serviços que são executados em cima de uma fatia de rede, incluindo a proteção dos dados que são transferidos através da fatia de rede
- Os prestadores de serviços devem poder expor interfaces de programação de aplicações (API) para que os seus parceiros, vendedores ou clientes possam criar e gerir cortes de rede
- Suportar a gestão de recursos de ponta a ponta, desde o RAN até ao 5G NG-Core

3.4.3 Gestão de fatias de rede

A arquitetura de fatiamento da rede fornece mecanismos para os fornecedores de serviços gerirem a infraestrutura de fatiamento da rede de extremo a extremo - tanto na rede de acesso via rádio (RAN) como na rede de base (5G NG-Core). A RAN, por sua vez, pode ser dividida em plano de controlo e plano do utilizador. As políticas de configuração de uma fatia de rede fornecerão e activarão serviços tanto no plano de controlo como no plano do utilizador.

Existem três camadas distintas a gerir numa fatia de rede:
- **Camada de instâncias de serviços** - Esta camada é constituída por instâncias de serviços que são expostas a clientes ou parceiros comerciais do fornecedor de serviços. Por exemplo, serviços IOT, serviços de transmissão de vídeo e serviços AR/VR. Os serviços podem ser criados/geridos por um operador de rede ou por um terceiro fornecedor de serviços.
- **Nível de instância de fatia de rede** - Este nível é constituído pela i n s t â n c i a de fatia de RAN e pela instância de fatia de rede principal. Este nível fornece as características da rede exigidas por uma instância de serviço.

Uma instância de fatia de rede pode ser partilhada por uma ou mais instâncias de serviço.
- **Camada de recursos** - Esta camada consiste nas funções de rede físicas ou virtuais reais que são usadas para criar uma fatia de rede. Há cenários em que os recursos para uma fatia de rede podem abranger vários domínios de operador.

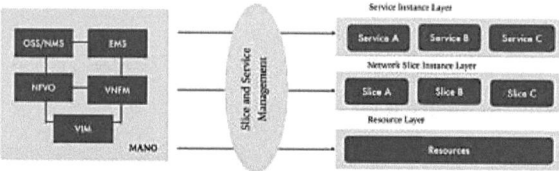

Fig. 3.4 - GESTÃO DOS SLOCOS DA REDE

A função de gestão do ciclo de vida dos segmentos de rede, por sua vez, interage com a função de gestão e orquestrador de NFV (MANO) para gerir as funções de rede virtualizadas (VNF) e lida com outros gestores de rede que gerem as funções de rede físicas (PNF). A função MANO é constituída pelo Orquestrador de NFV, pelo Gestor de VNF e pelo Gestor de Infra-estruturas Virtuais (VIM).

A automatização da gestão da fatia da rede de extremo a extremo é muito importante para melhorar a experiência do utilizador e reduzir os custos operacionais. Esta automatização pode ser conseguida através da implantação de um controlador SDN na rede. O controlador SDN expõe APIs para que os fornecedores de serviços desenvolvam aplicações que possam gerir as fatias de rede numa rede sem fios.

3.4.4 Benefícios do fatiamento da rede

O fatiamento da rede oferece uma série de benefícios tanto para os prestadores de serviços como para os clientes. Alguns dos benefícios são:
- Reduz os custos operacionais na gestão/execução das redes sem fios - uma vez que a segmentação da rede 5G expõe APIs para gerir programaticamente a infraestrutura de rede.
- Atualmente, os serviços de operador de rede virtual móvel (MVNO) (que permitem que outros fornecedores de serviços sem fios partilhem a infraestrutura de rede) requerem um pré-provisionamento manual complexo da infraestrutura de rede. O Network Slicing permite aos fornecedores de serviços criar, configurar e gerir dinamicamente os serviços MVNO.
- Permite que os fornecedores de serviços ofereçam serviços diferenciados aos clientes que utilizam a mesma infraestrutura de rede, sem afetar o desempenho dos serviços oferecidos a outros clientes. Por exemplo, suportar carros autónomos e contadores inteligentes de serviços públicos na mesma infraestrutura de rede.

- Permite que os fornecedores de serviços rentabilizem a infraestrutura de rede - não apenas com base na largura de banda consumida, mas também com base noutros parâmetros, como a latência, a qualidade do serviço, o consumo de energia e o número de ligações.

Perguntas de revisão

1. O que é o fatiamento da rede?
2. Qual é a necessidade de fatiamento da rede numa rede 5G?
3. Quais são os vários casos de utilização permitidos pelo Network Slicing?
4. Como é criada uma fatia de rede numa rede 5G?
5. Quais são os três níveis diferentes na gestão de segmentos de rede?

3.5 Computação periférica multiacesso (MEC)

A computação de borda multiacesso (MEC) é parte integrante do ecossistema 5G. A MEC ajuda os fornecedores de serviços a aproximar as capacidades orientadas para as aplicações dos utilizadores e a suportar vários casos de utilização sensíveis à latência a partir da periferia.

O sistema MEC coloca as capacidades de rede e de computação no extremo da rede para otimizar o desempenho dos serviços de latência ultra-baixa e de elevada largura de banda.

Os casos iniciais de utilização da MEC eram muito específicos das redes móveis, pelo que foi designada por Mobile Edge Computing (MEC). No entanto, mais tarde, a indústria reconheceu a aplicabilidade geral da MEC tanto para as redes sem fios como para as redes com fios e, por isso, mudou o seu nome para Multi-Access Edge Computing.

3.5.1 Necessidade de MEC

A infraestrutura de computação para serviços de aplicações já existia de alguma forma, mesmo em redes 4G e 3G. Por exemplo, a transcodificação de vídeo, a otimização da WAN, a rede de distribuição de conteúdos (CDN) e os serviços de caching transparentes eram anteriormente executados na rede principal do fornecedor de serviços em equipamento de rede concebido para o efeito. No entanto, com o aumento do número de dispositivos móveis ligados à rede e a explosão do consumo de dados, é impossível oferecer esses serviços de aplicação a partir de uma localização centralizada, sem afetar a experiência do utilizador. Assim, foi conceptualizada uma infraestrutura de computação móvel de ponta.

Alguns dos principais factores impulsionadores da MEC na rede 5G são:

- Crescimento do número de dispositivos móveis que se ligam à rede (com a

IOT, prevê-se que este número aumente ainda mais)
- Crescimento do volume de dados gerados pelas aplicações Over the Top (OTT), como as redes sociais, o streaming de vídeo e os jogos em linha.
- Necessidade de distribuir a infraestrutura onde os serviços de aplicação estão alojados numa rede de fornecedores de serviços, para melhorar o desempenho da aplicação e a experiência do utilizador
- Necessidade de executar serviços de aplicação em vários locais para aumentar a fiabilidade dos serviços
- Necessidade de virtualizar os serviços de aplicação e eliminar as dependências com hardware específico para simplificar a gestão e a orquestração de funções de vários fornecedores
- Reduzir drasticamente a latência da rede para suportar novos casos de utilização, como carros autónomos, realidade virtual, realidade aumentada e cirurgias robóticas

3.5.2 Arquitetura MEC

A arquitetura MEC assemelha-se à arquitetura NFV. A arquitetura MEC é constituída pelas seguintes funções:

- Orquestrador MEC
- Plataforma MEC
- Gestor da plataforma MEC
- Infraestrutura de virtualização
- Serviços de aplicação MEC

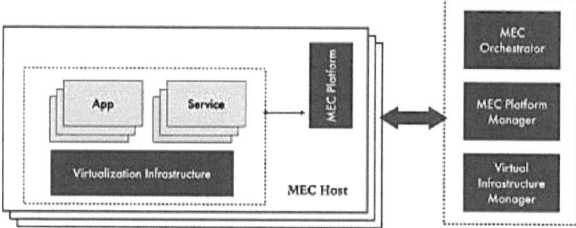

Fig 3.5 - ARQUITECTURA DO SISTEMA MEC

3.5.3 Orquestrador MEC

O MEC Orchestrator é uma função centralizada e tem uma visão completa dos sistemas periféricos multiacesso, incluindo a topologia, os recursos disponíveis na infraestrutura virtualizada, as aplicações e os serviços disponíveis em execução na infraestrutura virtualizada. O MEC Orchestrator desencadeia a gestão do ciclo de vida das aplicações e dos serviços em execução na infraestrutura virtualizada, incluindo a instanciação, a terminação e a relocalização de serviços. Também selecciona o conjunto correto de recursos para executar as aplicações e os serviços, de modo a cumprir os requisitos de latência.

3.5.4 Plataforma MEC

A plataforma MEC proporciona um ambiente em que as aplicações podem descobrir, publicitar, consumir e oferecer serviços de extremo móvel. Recebe actualizações regulares do gestor da plataforma MEC e das várias aplicações ou serviços em execução na infraestrutura virtualizada. Algumas das actualizações recebidas pela plataforma MEC incluem a ativação e desativação de regras de tráfego e registos DNS. Por exemplo, a plataforma MEC trabalharia com o plano de dados para estabelecer o caminho do tráfego para as várias aplicações. A MEC Platform utiliza as actualizações dos registos DNS para configurar o proxy ou servidor DNS na rede. Assim, os registos DNS podem ser utilizados para redirecionar o tráfego para uma aplicação específica em execução no anfitrião MEC.

3.5.5 Gestor da plataforma MEC

O gestor da plataforma MEC fornece os serviços de gestão de falhas, configuração, contabilidade, desempenho e segurança (FCAPS). Recebe periodicamente relatórios relacionados com falhas e desempenho do gestor da infraestrutura virtual e notifica o MEC Orchestrator sobre os eventos específicos da aplicação e do serviço. O gestor da plataforma MEC também gere as regras e políticas específicas das aplicações e dos serviços para gerir o tráfego.

3.5.6 Infraestrutura de virtualização

A infraestrutura virtualizada fornece recursos partilhados de computação, armazenamento e rede para alojar aplicações relacionadas com o MEC ou Funções de Rede Virtual (VNF). Esta infraestrutura também pode ser partilhada com outros VNF não-MEC.

3.5.7 Gestor de Infra-estruturas Virtualizadas

O Virtualized Infrastructure Manager gere os recursos de infraestrutura necessários para as várias aplicações e serviços alojados no anfitrião do MEC. Divide os recursos físicos e disponibiliza-os como vários espaços de inquilinos para alojar as aplicações e serviços do MEC.

3.5.8 Aplicações e serviços MEC

O fornecedor de serviços pode executar as suas próprias aplicações ou serviços de rede no MEC. O fornecedor de serviços também pode executar aplicações de parceiros ou clientes no MEC. Uma aplicação MEC pode pertencer a uma ou mais fatias de rede que tenham sido configuradas na rede central 5G.

3.5.9 Modos de implantação do MEC

O MEC pode ser implantado num dos quatro modos de implantação a seguir indicados:

i. Modo breakout - A ligação da sessão é redireccionada para uma aplicação MEC que está alojada localmente na plataforma MEC ou num servidor remoto. Alguns exemplos de aplicações breakout são as caches locais da rede de distribuição de conteúdos (CDN) (por exemplo, caches Akamai), serviços de jogos e serviços de distribuição de multimédia (por exemplo, streaming Netflix).
Normalmente, isto é conseguido através da definição de políticas de reencaminhamento

ii. Modo em linha - O MEC é implementado de forma transparente, num modo em linha. A ligação da sessão é mantida com o servidor original, enquanto todo o tráfego atravessa e passa pela aplicação em execução no MEC. Exemplos de aplicações MEC em linha são aplicações de cache de conteúdo transparente e aplicações de segurança.

iii. Modo tap - No modo tap, os dados trocados numa sessão são duplicados seletivamente e encaminhados para a aplicação tap MEC. Alguns exemplos de aplicações em modo tap são sondas de rede virtual, aplicações de monitorização e segurança.

iv. Modo independente - A aplicação e os serviços MEC são executados de forma independente, mas a aplicação MEC continua registada na plataforma MEC e recebe outros serviços MEC, como DNS e informações sobre a rede de rádio (por exemplo, estatísticas dos portadores de rádio). O direcionamento do tráfego para o MEC é conseguido através da configuração do DNS local ou do plano de dados do anfitrião MEC.

3.5.10 Cenários de implantação de MEC na rede 5G

O MEC pode ser implantado de forma flexível em diferentes locais da rede 5G, desde a proximidade da estação de base até à rede de dados central. Independentemente do local onde o MEC é implantado, a função do plano do utilizador (UPF) tem de orientar o tráfego para a aplicação MEC e de volta para a rede. A UPF é responsável pelo encaminhamento do tráfego numa rede 5G. A arquitetura 5G oferece a flexibilidade de implantar instâncias de UPF na extremidade da rede, bem como no núcleo da rede, para melhorar o desempenho e reduzir a latência.

Existem 4 cenários possíveis de implantação do sistema MEC numa rede 5G. A localização em que o MEC é implantado depende de vários factores, como a disponibilidade da infraestrutura (energia, espaço e refrigeração), o tipo de aplicações/serviços alojados no MEC, a latência da rede e os requisitos de largura de banda.

1. A MEC e a função do plano do utilizador (UPF) podem ser colocadas no mesmo local que a estação de base.

2. MEC co-localizado com um nó de transmissão e possivelmente com uma UPF
3. O MEC e a UPF co-localizados com um ponto de agregação de rede
4. MEC co-localizado com as funções da rede principal, no mesmo centro de dados

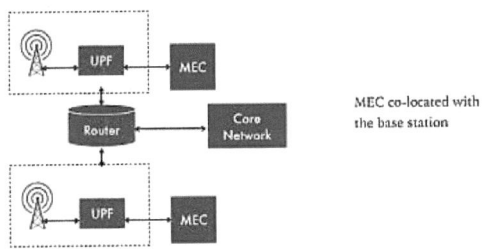

Fig 3.6 - MEC CO-LOCADO COM A ESTAÇÃO BASE

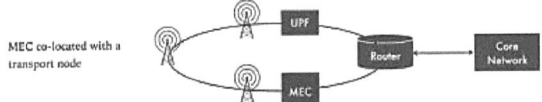

Fig 3.7- MEC CO-LOCADO COM O NÓ DE TRANSPORTE

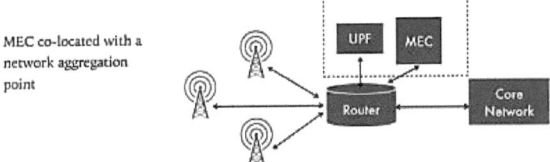

Fig 3.8 - MEC CO-LOCADO COM O PONTO DE AGREGAÇÃO DA REDE

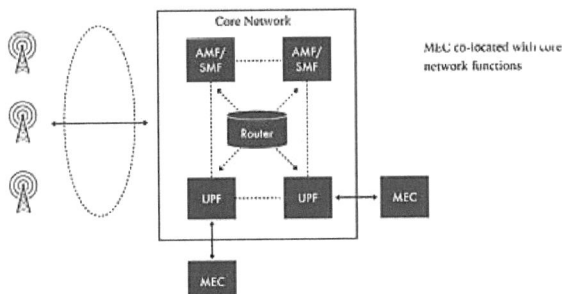

Fig 3.9 - MEC COLOCADO COM FUNÇÕES DE REDE PRINCIPAIS

3.5.11 Integração da MEC nas redes 5G

A arquitetura 5G oferece uma série de formas de integrar os MEC na rede.
- Os serviços e aplicações MEC podem ser mapeados para as funções de aplicação (AF) para permitir o consumo de serviços e informações expostos pela rede 5G. Por exemplo, as actualizações relacionadas com a mobilidade e a localização do utilizador podem ser consumidas pelos serviços MEC.
- Suporta encaminhamento local e direção de tráfego para encaminhar seletivamente o tráfego para as aplicações em execução na rede de dados local.
- As funções de aplicação (AFs) podem influenciar a seleção das funções do plano do utilizador através da função de controlo de políticas (PCF) ou da função de exposição da rede (NEF). Os administradores podem definir as regras de encaminhamento e as políticas de redireccionamento na PCF ou defini-las através de uma API exposta pela NEF. A NEF consolida as APIs em diferentes funções e fornece um acesso unificado ao núcleo 5G.
- As aplicações MEC podem ligar-se à rede de dados de área local (LADN) na rede central 5G. A LADN é um novo conceito introduzido no 5G, para fornecer serviços localizados aos utilizadores. Por exemplo, uma aplicação de transmissão de vídeo pode ser alojada perto do RAN num estádio, acessível através da LADN. Os fornecedores de serviços podem permitir que os utilizadores transmitam uma repetição do último golo marcado pelos jogadores num jogo de futebol. Só as pessoas que estão a assistir ao desporto no estádio poderão aceder a essas transmissões de vídeo.

A implantação do sistema MEC em redes 5G acarreta algumas complexidades relacionadas com a mobilidade dos equipamentos dos utilizadores (UE) e das aplicações. Por exemplo, os UE, como os automóveis autónomos, estarão continuamente em movimento. Uma sessão mantida entre o UE e uma aplicação MEC, executada num hospedeiro MEC, pode não fornecer o mesmo nível de tempos de resposta, quando o UE se afasta do hospedeiro MEC. Nessas situações, a sessão tem de ser transferida sem problemas para outro anfitrião MEC ou para uma instância de aplicação MEC que esteja mais próxima da UE. Se a aplicação tiver um estado, será necessária uma sincronização contínua dos dados da sessão da UE ou das informações sobre o estado entre as instâncias da aplicação MEC. Se a aplicação não tiver estado, não há necessidade de sincronizar os dados da sessão e esta pode ser facilmente migrada para a instância de aplicação MEC mais próxima da UE.

3.5.12 Casos de utilização da MEC

A MEC suporta múltiplos casos de utilização que permitem aos fornecedores de serviços obter novos fluxos de receitas. Alguns dos potenciais casos de utilização da MEC numa rede 5G são:

MEC para serviços empresariais: Ao implementar um sistema MEC na empresa, os fornecedores de serviços podem permitir que a empresa aloje localmente algumas das suas aplicações empresariais, sem ter de

comprometer os requisitos de segurança.
Quando os utilizadores empresariais saem da zona de cobertura da empresa, perdem também o acesso às aplicações alojadas no sistema MEC, a menos que acedam a essas aplicações através de uma ligação VPN. Empresas como prestadores de cuidados de saúde, instituições governamentais e indústrias podem ser beneficiadas pelo MEC implantado localmente. As aplicações que exigem latências ultra-baixas, como transmissões em direto e cirurgias robóticas, podem ser alojadas no sistema MEC.

MEC para os serviços da Internet das coisas (IOT): A IOT vai ser um dos maiores beneficiários do sistema MEC nas redes 5G. Os serviços IOT exigem que os fornecedores de serviços alojem e executem muitas aplicações na periferia da IOT. As aplicações IOT, como as utilizadas para recolha e análise de dados, necessitam de recolher grandes quantidades de dados localmente, perto da fonte.

O sistema MEC pode fornecer a infraestrutura para alojar essas aplicações perto da extremidade da IOT. As aplicações de monitorização de serviços IOT também podem ser alojadas no MEC, para melhorar a fiabilidade dos serviços IOT fornecidos pelo fornecedor de serviços.

MEC para serviços de terceiros: Tradicionalmente, os fornecedores de serviços alojavam aplicações de terceiros, como a otimização de vídeo, a aceleração WAN e as caches CDN no núcleo da rede para melhorar a experiência do utilizador para os seus clientes. No entanto, devido aos requisitos de velocidade e latência das redes 5G, esses serviços já não podem ser implantados e geridos de forma centralizada. Essas aplicações de terceiros podem agora ser alojadas n o s sistemas MEC próximos dos utilizadores. A abertura da rede do fornecedor de serviços para o alojamento de serviços de aplicações de terceiros pode também permitir que o fornecedor de serviços rentabilize a sua infraestrutura MEC. Por exemplo, um fornecedor de serviços em nuvem pode estabelecer uma parceria com o fornecedor de serviços de telecomunicações para alojar as suas aplicações no sistema MEC. Ou, um fornecedor de soluções de streaming de vídeo pode hospedar sua aplicação no sistema MEC. Isto permitiria ao fornecedor de serviços de telecomunicações celebrar um acordo de partilha de receitas com o fornecedor de serviços OTT.

3.5.13 Vantagens do MEC

O MEC oferece os seguintes benefícios:
- Suportar baixas latências numa rede 5G. As baixas latências melhoram o desempenho das aplicações e as experiências dos utilizadores, uma vez que as aplicações são executadas na infraestrutura de computação local
- Fornece uma plataforma para que os fornecedores de serviços experimentem novos serviços virados para o cliente, sem perturbar significativamente a sua arquitetura de rede
- Ajuda os fornecedores de serviços a aumentarem as suas oportunidades de rentabilização através da implantação de novos serviços de rede para os

clientes, para além dos tradicionais serviços de conetividade
- Fornece um ambiente para que as aplicações Over the Top (OTT) aproveitem as informações antigas dos clientes sem fios para oferecer uma experiência personalizada (por exemplo, serviços baseados na localização do cliente)
- Proporciona segurança aos serviços IOT, distribuindo a superfície de ataque
- Melhora a fiabilidade dos serviços de rede e de aplicações, oferecendo uma infraestrutura distribuída para o failover de serviços
- Fornece acesso em tempo real aos dados localmente, num ambiente IOT
- Fornece um ambiente para gestão de políticas locais para clientes empresariais
- Reduz os custos operacionais, evitando a necessidade de construir centros de dados dispendiosos

Perguntas de revisão

1. Qual é a necessidade de MEC numa arquitetura 5G?

2. Quais são os diferentes componentes de uma plataforma MEC?

3. Quais são os diferentes modos de implantação de uma infraestrutura MEC?

4. Quais são as diferentes localizações em que a infraestrutura MEC pode ser implantada numa rede 5G?

5. Quais são as vantagens do MEC?

6. Quais são os diferentes casos de utilização dos MEC?

3.6 Visualização dos componentes 5G

A visualização dos componentes de uma rede 5G pode ser pensada como um sistema de várias camadas:

1. **Equipamento do utilizador (UE):**

- Estes são os dispositivos utilizados pelos consumidores, incluindo smartphones, tablets e dispositivos IoT.
- Os UE são os pontos terminais na extremidade da rede, onde os dados são gerados ou consumidos.

2. **Rede de acesso via rádio (RAN):**

- Esta camada é constituída por estações de base e antenas que ligam os UE à rede.

- A RAN inclui estações de base, antenas e infra-estruturas conexas.
- Serve de intermediário entre os UE e a rede de base.
- A RAN fornece a ligação sem fios que permite aos UE ligarem-se à rede.

3. **Rede principal:**

Inclui a Função do Plano de Controlo (CP) e a Função do Plano do Utilizador (UPF), responsáveis pela gestão das funções de rede, pelo Network Slicing, pelo encaminhamento de dados e pela prestação de serviços.

A rede de base é o núcleo central das operações 5G, sendo constituída por vários componentes-chave.

Função do plano de controlo (CP): Gere a sinalização e as mensagens de controlo, incluindo a configuração de chamadas e a gestão da mobilidade.

Função do plano do utilizador (UPF): Trata o tráfego de dados real, encaminhando-o de forma eficiente.

Virtualização das Funções de Rede (NFV) e Redes Definidas por Software (SDN): Estas tecnologias permitem uma gestão flexível e dinâmica da rede.

Fatiamento de rede: Cria redes virtuais dentro da rede principal, personalizadas para serviços ou aplicações específicos.

4. **Computação de ponta:**

- Posicionada na extremidade da rede, esta camada fornece processamento de baixa latência e serviços mais próximos dos utilizadores.
- A computação de borda envolve servidores e centros de dados posicionados perto da RAN ou mesmo na borda da rede.
- Permite o processamento de baixa latência para aplicações que requerem uma análise imediata dos dados, como veículos autónomos e realidade aumentada.

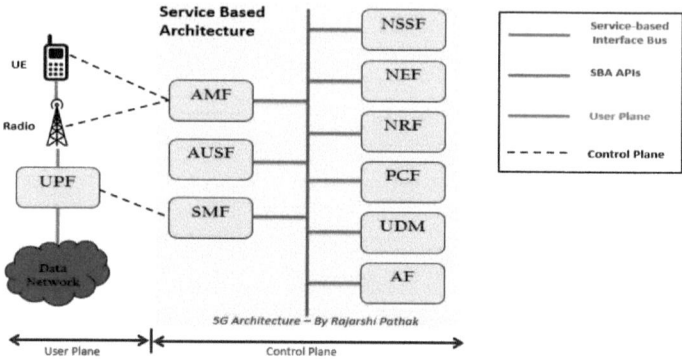

Fig 3.10 Visualização dos componentes 5G

5. **Fatiamento de rede:**

Permite a criação de redes virtuais personalizadas para aplicações ou serviços específicos.

6. **Redes definidas por software (SDN) e virtualização das funções de rede (NFV):**

Estas tecnologias tornam a rede flexível e eficiente, virtualizando funções e permitindo uma gestão dinâmica da rede.

7. **Cabos de fibra ótica:**

- A espinha dorsal da rede 5G, fornecendo transmissão de dados a alta velocidade.
- Os cabos de fibra ótica constituem a espinha dorsal física das redes 5G.
- Proporcionam uma transmissão de dados de alta velocidade, garantindo que grandes volumes de dados possam fluir sem problemas na rede.

8. **Infraestrutura de nuvem:**

- Serviços de nuvem escaláveis e centros de dados que suportam várias aplicações e serviços.
- Os serviços em nuvem e os centros de dados desempenham um papel fundamental nas redes 5G, suportando a escalabilidade necessária para várias aplicações.
- Fornecem recursos para serviços de processamento, armazenamento e alojamento de forma distribuída.

9. **Dispositivos da Internet das Coisas (IoT):**

- Estes abrangem sensores inteligentes, veículos conectados e outros dispositivos IoT que tiram partido do 5G para a conetividade.
- As redes 5G servem uma vasta gama de dispositivos IoT, desde sensores inteligentes a veículos conectados.
- Estes dispositivos tiram partido da elevada largura de banda e da baixa latência do 5G para a troca de dados em tempo real.

10. **Segurança e autenticação:**

- Assegura a proteção e a privacidade dos dados através da implementação de mecanismos de segurança reforçados em toda a rede.
- As medidas de segurança estão integradas em todos os componentes da rede 5G.
- Mecanismos melhorados de encriptação e autenticação protegem os dados e a privacidade a cada nível.

É possível visualizar estes componentes como camadas interligadas, com os UEs na camada mais externa, ligados através da RAN à rede central e apoiados por computação periférica, divisão da rede e infraestrutura de nuvem, tudo isto sustentado por cabos de fibra ótica de alta velocidade, com medidas de segurança integradas a todos os níveis

3.7 Arquitetura do sistema de ponta a ponta

A arquitetura do sistema de ponta a ponta em 5G representa a conceção holística da quinta geração da tecnologia de telecomunicações móveis, centrando-se na oferta de uma experiência de rede integrada e sem descontinuidades. Esta arquitetura abrange desde o dispositivo do utilizador até ao núcleo da rede e mais além. Eis uma introdução à arquitetura do sistema extremo a extremo no 5G:

1. **Foco no utilizador:**
- A arquitetura do sistema de ponta a ponta no 5G é centrada no utilizador, concebida para proporcionar uma experiência superior aos consumidores e às empresas.
- Tem em conta uma vasta gama de dispositivos de utilizador, desde smartphones a sensores IoT, com o objetivo de oferecer conetividade de alta velocidade e baixa latência.

2. **Rede de acesso via rádio (RAN):**
- No extremo da arquitetura, a RAN inclui estações de base e antenas. É responsável pela ligação dos dispositivos dos utilizadores (equipamento do utilizador ou UE) à rede.

- A RAN assegura uma comunicação sem fios eficiente, permitindo o primeiro passo na transmissão de dados.

3. **Integração da rede principal:**
- A rede de base é a parte central da arquitetura, onde a gestão de dados, o encaminhamento e os serviços são coordenados.
- Incorpora componentes como a função do plano de controlo (CP) para a sinalização e a função do plano do utilizador (UPF) para o encaminhamento do tráfego de dados.
- As tecnologias Network Functions Virtualization (NFV) e Software-Defined Networking (SDN) estão integradas para uma gestão flexível da rede.

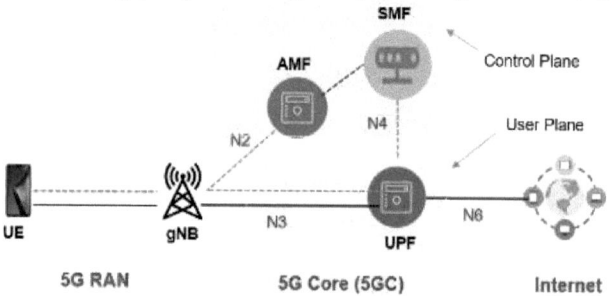

Fig 3.11 Arquitetura do sistema de ponta a ponta

4. **Fatiamento de rede para personalização:**
- O 5G introduz o fatiamento da rede, permitindo a criação de redes virtuais dentro da infraestrutura física.
- Estas fatias de rede são adaptadas a serviços ou aplicações específicas, garantindo um desempenho e uma atribuição de recursos que correspondem às necessidades de cada caso de utilização.

5. **Segurança de ponta a ponta:**
- A segurança é uma prioridade máxima na arquitetura do sistema 5G de ponta a ponta. Medidas de segurança robustas, incluindo encriptação e autenticação, são integradas a vários níveis para proteger os dados e a privacidade dos utilizadores.

6. **Computação de ponta para baixa latência:**
- A computação periférica está integrada para reduzir a latência e aproximar o processamento do dispositivo do utilizador. Esta tecnologia é vital para aplicações como veículos autónomos e realidade aumentada.

7. **Infraestrutura de nuvem escalável:**
- O 5G utiliza serviços de nuvem e centros de dados escaláveis para

suportar várias aplicações e serviços de forma eficiente.

Em resumo, a arquitetura do sistema de ponta a ponta no 5G é centrada no utilizador, focada em proporcionar uma experiência integrada e sem descontinuidades. Abrange uma vasta gama de dispositivos, incorpora tecnologias avançadas como o fatiamento da rede e a computação periférica, e dá ênfase à segurança para garantir que a rede pode suportar um conjunto diversificado de aplicações e serviços, proporcionando simultaneamente um elevado desempenho e proteção de dados.

3.8 Continuidade do serviço

3.8.1 Geral

Quando a gestão de sessões 5GC foi definida, um dos principais objectivos era fornecer soluções para uma conetividade eficiente do plano do utilizador. Como já foi referido, a arquitetura UP do 5GC foi especificada de uma forma flexível, permitindo que as implementações e as implantações utilizassem as ferramentas e os facilitadores da norma para atingir casos de utilização e requisitos específicos.

Do mesmo modo, foi definido um conjunto de ferramentas para a eficiência do plano do utilizador que pode ser utilizado em função do caso de utilização e do cenário. Talvez a ferramenta mais básica para conseguir um caminho UP eficiente seja a seleção da UPF que tem lugar no estabelecimento da sessão PDU. Aqui, o SMF pode, por exemplo, ter em conta a localização da UE e outras informações sobre a topologia do plano do utilizador ao selecionar a UPF. Isto pode, por exemplo, resultar numa UPF que esteja localizada perto da UE. A seleção da UPF no estabelecimento da sessão PDU já foi descrita anteriormente neste capítulo. As ferramentas descritas a seguir baseiam-se antes na re-seleção de UPF, por exemplo, durante o tempo de vida de uma sessão PDU, a fim de modificar o caminho da UP devido à mobilidade da UP. Isto pode ser útil se a UE se tiver deslocado para longe do local onde a sessão PDU foi inicialmente estabelecida ou devido a outros factores (por exemplo, se o utilizador tiver iniciado uma aplicação que exija uma comunicação de baixa latência). De seguida, analisaremos mais detalhadamente este conjunto de ferramentas.

3.8.2 Modos de continuidade do serviço e da sessão (SSC)

3.8.2.1 Geral

Quando uma sessão PDU é estabelecida, é selecionada uma UPF de ancoragem da sessão PDU que permanece como o ponto de ancoragem IP para a sessão PDU. No momento do estabelecimento, esta UPF PSA pode ter sido selecionada perto da localização da UE. No entanto, no caso de a UE se deslocar para longe, essa UPF PSA pode já não ter uma localização óptima; pode haver outras UPF mais próximas da nova localização da UE que possam atuar como UPF PSA. A mudança de UPF PSA requer, no entanto, a mudança do endereço IP da UE, o que pode ou não causar problemas para as aplicações/serviços em execução na UE. Algumas aplicações/serviços podem exigir a continuidade do endereço IP para poderem funcionar sem problemas, enquanto outras podem lidar com as mudanças de endereço IP sem grande impacto na experiência do utilizador.

O 5GS suporta a continuidade diferenciada de sessões e serviços para dar resposta aos diferentes requisitos de continuidade de endereços IP que as várias aplicações e serviços na UE possam ter. Para o efeito, foram definidos três modos diferentes de continuidade de sessão e de serviço (SSC): modos SSC 1, 2 e 3. Quando uma sessão PDU é estabelecida, é-lhe atribuído um dos modos SSC. A seleção do modo SSC é feita pelo SMF com base nos modos SSC permitidos na assinatura do utilizador, nos modos SSC permitidos para o tipo específico de sessão PDU e no modo SSC solicitado pelo UE (se existir).

De seguida, descrevemos cada modo SSC e as suas propriedades.

3.8.2.2 Modo SSC 1

Com este modo SSC, a rede preserva o serviço de conetividade de sessão PDU fornecido à UE e a UPF que actua como Âncora de sessão PDU no estabelecimento da sessão PDU mantém-se independentemente da mobilidade da UE. No caso de um tipo de Sessão PDU baseada em IP (IPv4, IPv6 ou IPv4v6), o endereço/prefixo IP é mantido. A continuidade da sessão IP é assim suportada independentemente dos eventos de mobilidade da UE durante o tempo de vida da sessão PDU. Este modo SSC é, por conseguinte, adequado para aplicações que exigem a continuidade do endereço IP.

3.8.2.3 Modo SSC 2

Para uma sessão PDU com o modo SSC 2, a rede pode libertar o serviço de conetividade fornecido à UE e libertar a(s) sessão(ões) PDU correspondente(s), por exemplo, quando a UE se tiver afastado da sua localização original. Na mensagem de libertação da sessão PDU, a rede inclui também uma indicação que leva a UE a solicitar o estabelecimento de uma nova sessão PDU (para o mesmo DNN e S-NSSAI) para recuperar a conetividade da sessão PDU para o mesmo DN. No modo SSC 2, há uma interrupção na conetividade da UE após a libertação da antiga sessão PDU até ao estabelecimento da nova sessão PDU, pelo que o modo SSC 2 pode ser descrito como "break-before-make". No estabelecimento da nova sessão PDU, tem lugar uma nova seleção de SMF e de UPF, podendo assim ser selecionada uma UPF de âncora de sessão PDU mais próxima da localização atual da UE. O procedimento SSC modo 2 permite assim que uma UPF PSA seja "re-localizada" para uma localização mais próxima do atual ponto de ligação da UE. No caso do tipo IPv4 ou IPv6 ou IPv4v6, a libertação da sessão PDU implica a libertação do endereço/prefixo IP que tinha sido atribuído à UE. Um novo endereço

IP/prefixo será então atribuído para a nova sessão PDU. Este modo SSC é, portanto, adequado para aplicações que podem suportar interrupções curtas na conetividade do plano do utilizador e mudanças de endereço IP (no caso de tipos de sessão PDU baseados em IP).

3.8.2.4 Modo SSC 3

O modo SSC 3 é semelhante ao modo SSC 2, no sentido em que permite a alteração da UPF da PSA, mas com o modo SSC 3 a rede garante que a UE não sofre qualquer perda de conetividade durante o tempo em que a alteração da UPF da PSA tem lugar. O modo SSC 3 pode, por conseguinte, ser descrito como "make-before-break".

O modo 3 da SSC pode ser suportado de duas formas:

- Sessões PDU múltiplas: Neste caso, o SMF dá instruções à UE para solicitar o estabelecimento de uma nova sessão PDU para o mesmo DN antes de a sessão PDU antiga ser libertada. Isto significa que a conetividade do plano do utilizador através de uma nova âncora de sessão PDU está disponível para a UE durante algum tempo antes de a antiga sessão PDU e a sua ligação ao plano do utilizador serem libertadas.
- Multi-homing IPv6: Neste caso, é utilizada uma única Sessão PDU (do tipo Sessão PDU IPv6) e é atribuído um novo PSA UPF (com um novo prefixo IPv6) nessa Sessão PDU, antes de o antigo PSA UPF (e o antigo prefixo IPv6) ser libertado. Da mesma forma que quando são utilizadas várias sessões PDU, a nova âncora de sessão PDU pode ser utilizada durante algum tempo antes de a âncora de sessão PDU antiga ser libertada.

Em ambos os casos acima referidos, o endereço IP/prefixo não é preservado. A nova âncora de sessão PDU será associada a um endereço IP/prefixo de UE diferente do da âncora de sessão PDU antiga. Este modo SSC é, portanto, adequado para aplicações que necessitam de conetividade contínua do plano do utilizador, mas que podem suportar alterações do endereço IP/prefixo. O modo SSC 3 só se aplica a tipos de sessão PDU baseados em IP.

A Fig. 3.12 ilustra os princípios dos diferentes modos de SSC.

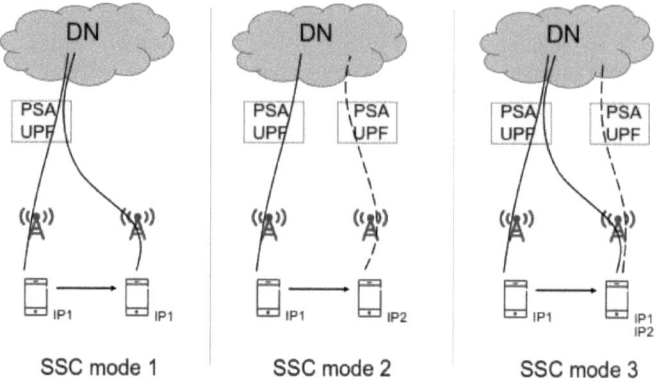

Fig. 3.12 Princípios dos modos SSC.

3.8.3 Encaminhamento seletivo de tráfego para um DN

3.8.3.1 Geral

Como vimos na secção 3.8.2, uma sessão PDU tem, no caso mais simples, um único PSA U P F e, por conseguinte, uma única interface N6 para um DN, mas uma sessão PDU também pode ter mais do que um PSA UPF e, por conseguinte, várias interfaces N6 para um DN (ver fig. 3.13). Esta última opção pode ser utilizada para encaminhar seletivamente o tráfego do plano do utilizador para diferentes interfaces N6, por exemplo, para uma UPF PSA local com interface N6 para um sítio de extremo local e uma UPF PSA mais central com interface N6 para um centro de dados central ou ponto de troca de tráfego na Internet. Esta funcionalidade pode ser utilizada para permitir casos de utilização de computação periférica ou para alcançar sítios de entrega de conteúdos distribuídos. Foram definidos dois mecanismos para suportar o encaminhamento seletivo do tráfego para um DN, que serão descritos mais adiante.

3.8.3.2 Classificador de ligação ascendente

Um classificador de ligação ascendente (UL CL) é uma funcionalidade suportada por uma UPF em que a UPF desvia algum tráfego para uma UPF PSA diferente (local). O CL UL permite o encaminhamento do tráfego da ligação ascendente para diferentes Âncoras de Sessão PDU e a fusão do tráfego da ligação descendente para a UE, ou seja, a fusão do tráfego das diferentes Âncoras de Sessão PDU na ligação para a UE. O CL da UL desvia o tráfego com base em regras de deteção e encaminhamento de tráfego, com filtros de tráfego fornecidos pelo SMF. O CL de UL aplica as regras de filtragem (por exemplo, para examinar o endereço/prefixo IP de destino dos pacotes IP de ligação ascendente enviados pela UE) e determina como o pacote deve ser encaminhado. A UPF que suporta um CL UL pode também ser controlada pelo SMF para suportar a medição do tráfego para efeitos de tarifação, aplicação do débito, etc. A utilização do CL UL aplica-se a sessões de PDU do tipo IPv4 ou

IPv6 ou IPv4v6 ou Ethernet, de modo a que a SMF possa fornecer filtros de tráfego adequados.

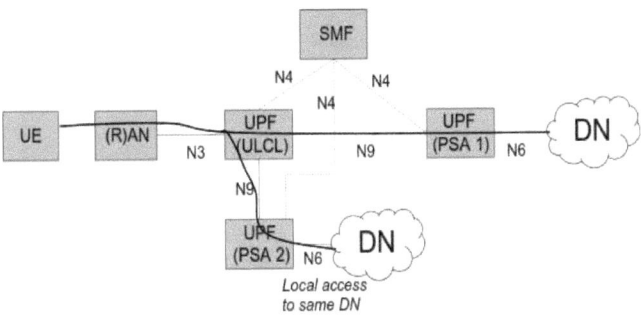

Fig. 3.13 Acesso local ao DN utilizando o classificador de ligação ascendente.

Quando o SMF decide desviar o tráfego, insere um CL UL no trajeto de dados e um PSA adicional. Isto pode ser feito em qualquer momento durante o tempo de vida de uma sessão PDU, por exemplo, desencadeado por pedidos AF, como veremos numa secção posterior. O PSA adicional pode ser colocado na mesma UPF que o CL UL ou pode ser uma UPF autónoma. A Fig. 3.13 apresenta um exemplo de arquitetura. Quando a SMF determina que o UL CL já não é necessário, pode ser removido pela SMF do trajeto de dados. Note-se que a UE não tem conhecimento do desvio de tráfego pelo UL CL e não participa na inserção e remoção do UL CL. A solução com UL CL não exige, por conseguinte, qualquer funcionalidade específica na UE.

3.8.3.3 Multi-homing IPv6

O suporte do multihoming IPv6 também permite que o tráfego seja encaminhado seletivamente para diferentes Âncoras de Sessão PDU. O multihoming IPv6 permite que sejam atribuídos vários prefixos IPv6 a uma UE numa única sessão PDU. Cada prefixo IPv6 será servido por uma UPF âncora de sessão PDU separada, cada uma com a sua própria interface N6 para o DN. Os diferentes caminhos do plano do utilizador que conduzem às diferentes âncoras de sessão PDU ramificam-se numa UPF "comum", designada por UPF que suporta a funcionalidade "Branching Point" (BP). O ponto de ramificação permite o encaminhamento do tráfego UL para as diferentes âncoras de sessão PDU e a fusão do tráfego DL para a UE, ou seja, a fusão do tráfego das diferentes âncoras de sessão PDU na ligação em direção à UE. A Fig. 3.14 apresenta um exemplo de arquitetura.

À semelhança do UL CL, o SMF pode decidir inserir ou remover uma UPF que suporte a funcionalidade de ponto de ramificação em qualquer altura durante o tempo de vida de uma sessão PDU. A UPF que suporta um BP pode também ser controlada pelo SMF para suportar a medição do tráfego para efeitos de tarifação, aplicação do débito, etc.

O multihoming IPv6 aplica-se apenas ao IPv6 e apenas se a UE o suportar. Quando a UE solicita uma sessão PDU para o IPv6, também indica à rede se suporta o multihoming do IPv6.

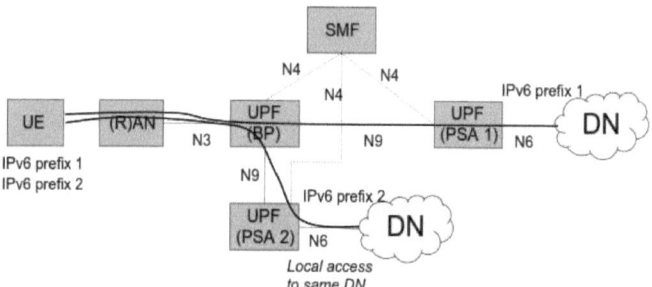

Fig. 3.14 Acesso local ao DN usando BP e multi-homing IPv6.

Quando é utilizado o multi-homing IPv6 (e o BP), é a UE que selecciona o prefixo IPv6 a utilizar para o endereço de origem do tráfego de ligação ascendente. Isso, por sua vez, decidirá o caminho que os pacotes tomarão, já que o BP encaminhará os pacotes UL com base no endereço IPv6 de origem. Para influenciar a UE na selecção do endereço de origem e garantir que a UE selecciona o prefixo IPv6 adequado para um determinado tráfego de aplicação, o SMF pode configurar informações e preferências de encaminhamento na UE. Isso é feito através de mensagens de Router Advertisement (anúncio de roteador), conforme descrito na RFC 4191 da IETF (RFC 4191). O envolvimento do UE é uma das principais diferenças em relação à abordagem UL CL, uma vez que na abordagem multi-homing IPv6 é necessária uma certa funcionalidade do UE e é também o UE que selecciona o caminho do tráfego (embora com base em regras recebidas do SMF), enquanto na abordagem UL CL é uma caraterística puramente baseada na rede.

Por último, é de notar que o multi-homing IPv6 é simultaneamente uma ferramenta para proporcionar o encaminhamento seletivo do tráfego para diferentes PSA e interfaces N6 (como descrito nesta secção) e uma ferramenta para implementar o modo 3 da SSC.

3.8.4 Aplicação Influência da função no encaminhamento do tráfego

A influência da função de aplicação no encaminhamento do tráfego é um conceito relacionado, mas algo diferente, dos modos SSC e do encaminhamento seletivo para um DN. Enquanto, por exemplo, os modos SSC e UL CL/BP são mecanismos que ajudam a obter um caminho eficiente no plano do utilizador, a influência da AF no encaminhamento do tráfego é antes uma solução do plano de controlo para o modo como uma AF (por exemplo, uma AF de terceira parte) pode influenciar a utilização de mecanismos de encaminhamento do tráfego, como os modos SSC ou UL CL/BF. Permite que um FA forneça informações ao 5GC sobre o modo como determinado tráfego deve ser encaminhado. Cabe então ao 5GC (e em particular ao SMF) decidir como o fazer utilizando as ferramentas disponíveis, por exemplo, seleção UPF, modos SSC, UL CL, IPv6 multi-homing, etc.

O AF envia o pedido diretamente ao PCF (se o AF puder comunicar diretamente com o PCF) ou através do NEF que, por sua vez, envia o pedido ao PCF. Se o pedido for efectuado através da NEF, esta pode mapear os identificadores externos fornecidos pela AF para identificadores internos conhecidos pelo 5GC.

A FA pode fornecer informações como
- Descritor de tráfego (filtros IP ou identificador de aplicação). Estas informações descrevem o tráfego de aplicação abrangido pelo pedido do AF
- Potenciais localizações de aplicações representadas por uma lista de identificadores de acesso a DN (DNAI). Um DNAI é um identificador que representa o acesso de um plano de utilizador a um ou mais DN(s) onde as aplicações estão implantadas e pode ser interpretado como um índice que aponta para um acesso específico a uma rede de dados. Pode, por exemplo, representar um centro de dados específico.

Os valores DNAI, enquanto tal, não são especificados pelo 3GPP (o tipo de dados DNAI é uma cadeia), sendo deixados para serem definidos pela implantação e configuração do operador.

- Identificador(es) UE, como GPSI(s) ou identificador(es) de grupo UE, para os quais o pedido se dirige.
- Informações de encaminhamento do tráfego N6, indicando como o tráfego deve ser encaminhado no N6. As informações de encaminhamento do tráfego N6 podem conter o endereço IP de destino (e a porta) no DN para o qual o tráfego da aplicação deve ser encapsulado.
- Condições de validade espacial e temporal. Estas condições indicam o(s) intervalo(s) de tempo e a área geográfica para quando e onde o pedido de FA deve ser aplicado. Quando o PCF recebe esta informação, cria regras PCC que incluem informação relevante e fornece-a ao SMF. O SMF actua então com base na informação, por exemplo, inserindo um UL CL, desencadeando a relocalização da PSA utilizando os procedimentos do modo 2 ou 3 da SSC ou qualquer outra ação. A Fig. 3.14 ilustra um exemplo de caso de utilização em que é inserido um UL CL e o tráfego visado é redireccionado para um centro de dados local.

O AF pode também pedir para ser notificado pelo SMF quando ocorrer um evento relacionado com a UPF, por exemplo, quando for inserido um UL CL ou for acionado um procedimento SSC modo 2 ou 3.

O FA pode pedir para ser notificado imediatamente antes do evento ter lugar e/ou depois de o evento ter ocorrido. Isto permite a um FA, por exemplo, tomar medidas ao nível da aplicação, tais como mudar o estado da aplicação ou tratar de alterações do endereço IP da UE.

3.9 Relação com o EPC

3.9.1 Geral

Como se descreve no capítulo 2, prevê-se que o interfuncionamento com o EPC seja utilizado durante algum tempo e dependa da atribuição de frequências à RNI e do tempo necessário para a construção da cobertura da RNI. O capítulo 2 apresenta uma panorâmica das razões que justificam a necessidade de interfuncionamento com o EPC, uma arquitetura de alto nível e os princípios e opções de alto nível para o interfuncionamento. Na presente secção, entraremos em mais pormenores e descreveremos os aspectos de interfuncionamento relacionados com a mobilidade.

Vale a pena fornecer mais alguns pormenores sobre o diagrama de arquitetura já apresentado no capítulo 2, a fim de salientar que a SMF e a UPF têm de suportar a lógica e a funcionalidade do PGW EPC nas interfaces S5-C e S5-U. Por conseguinte, são referidos como PGW-C+SMF e UPF+PGW-U, respetivamente, ver Fig. 3.15. Para garantir o bom funcionamento do interfuncionamento com a funcionalidade EPS adequada, só é atribuído um PGW-C+SMF por APN para um dado UE, o que é imposto, por exemplo, pelo HSS+UDM que fornece um FQDN PGW-C+SMF por APN ao MME.

O interfuncionamento com o EPC durante a utilização de um acesso não-3GPP na rede 5GS é igualmente aplicável e, nesses casos, a NR será substituída pela N3IWF e por entidades específicas de acesso na subcategoria.
por exemplo, ponto de acesso Wi-Fi. Além disso, é igualmente possível o interfuncionamento entre EPC ligados a não-3GPP enquanto utilizam o acesso 3GPP em direção ao 5GC e, nesse caso, o MME e o SGW seriam substituídos por um ePDG e o HSS por um servidor AAA 3GPP (embora possíveis, estas opções não são descritas mais pormenorizadamente, pelo que se convida o leitor interessado a ler as especificações 3GPP, por exemplo, a TS 23.501 3GPP).

Para que o interfuncionamento seja possível, é necessário que a UE suporte tanto os procedimentos EPC NAS como os procedimentos 5GC NAS. Se não for esse o caso, a UE será direccionada para a rede de base que a UE suporta e não haverá interfuncionamento.

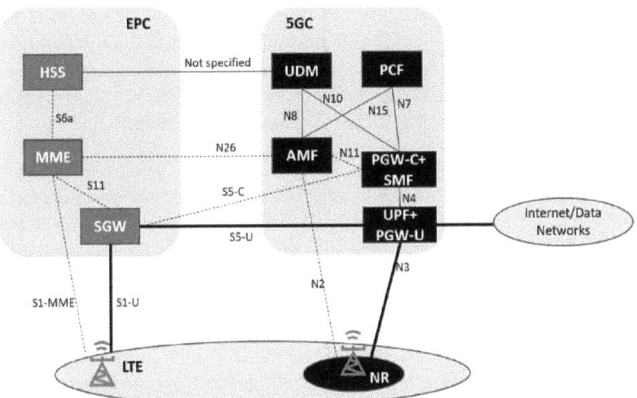

Fig. 3.15 Arquitetura pormenorizada para o interfuncionamento entre o EPC e o 5GC.

3.9.2 Interfuncionamento com o EPC utilizando o acesso 3GPP
3.9.2.1 Geral

Quando uma UE está a selecionar redes - ou PLMNs - ou a acampar numa célula que está ligada tanto ao EPC como ao 5GC (ou seja, a célula transmite que está ligada tanto ao EPC como ao 5GC), a UE precisa de selecionar a rede de base com que se vai registar. Essa decisão pode ser controlada pelo operador ou pelo utilizador. O operador pode controlar a decisão, por exemplo, influenciando a seleção da rede através de uma lista de prioridades controlada pelo operador no USIM, através da qual o operador pode orientar a seleção da rede, incluindo a tecnologia de acesso a que deve ser dada prioridade, por exemplo, NG-RAN ou E-UTRAN, ou o operador pode definir a assinatura para permitir apenas EPC, 5GC ou ambos, ou o operador pode controlar os procedimentos RRM por UE para dar prioridade a determinado acesso via rádio a utilizar. O utilizador pode controlar a decisão seleccionando manualmente a rede (o que cria uma lista de redes prioritárias controlada pelo utilizador, incluindo a tecnologia de acesso), ou pode influenciar indiretamente a seleção exigindo a utilização de um determinado serviço que não é (ainda) suportado pelo sistema 5G, o que faz com que o UE desactive as capacidades de rádio relacionadas que lhe permitem aceder ao sistema 5G, de modo a que o UE seleccione, por exemplo, um sistema 4G. Dado que são utilizados diferentes protocolos NAS para o 5GC e o EPC, a camada NAS na UE indica à camada AS se deve ser iniciada uma ligação de sinalização NAS para o 5GC ou para o EPC e a camada NAS emite uma mensagem NAS para a rede principal correspondente e envia-a para a camada AS que indica na RRC à RAN a que tipo de rede principal s e d e s t i n a a mensagem NAS. A RAN selecciona uma entidade da rede central correspondente
ou seja, AMF para 5GC e MME para EPC.

Uma vez feita uma seleção inicial e o UE - que indica à rede de base que suporta ambos os sistemas - e a rede suporta ambos os sistemas 5G e 4G, o sistema a utilizar num determinado momento pode mudar, por exemplo, devido ao facto de o utilizador invocar determinados serviços ou devido a problemas de cobertura de rádio ou para equilibrar a carga dos sistemas.

O interfuncionamento com a EPC é especificado tanto com a utilização da N26 como sem a N26, e a UE pode funcionar em modo de registo único ou em modo de registo duplo para o acesso 3GPP (quando a N26 é utilizada, só se aplica o modo de registo único), ou sejaNo modo de registo único, a UE tem um estado de gestão da mobilidade ativo para o acesso 3GPP em direção à rede de base e está em modo NAS 5GC ou em modo NAS EPC, dependendo da rede de base à qual a UE está ligada; a informação de contexto da UE é transferida entre os dois sistemas quando a UE se desloca para trás e para a frente, o que é feito através do N26 ou pela UE que desloca cada ligação PDN ou sessão PDU para o outro sistema quando o interfuncionamento não tem uma interface N26. Para permitir que a RAN no sistema de destino seleccione a mesma entidade da rede de base na qual a UE estava registada no sistema de origem (se estiver disponível) e para permitir a recuperação do contexto da UE através da N26, a UE mapeia a GUTI 4G para a GUTI 5G durante a mobilidade entre o EPC e o 5GC e vice-versa, como descrito na Fig. 3.15. No que respeita ao tratamento dos contextos de segurança, o capítulo 4 descreve o modo de permitir uma reutilização eficiente de um contexto de segurança 5G previamente estabelecido quando se regressa ao 5GC.

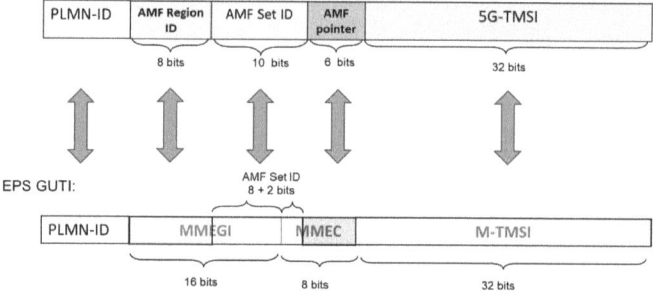

Fig. 3.16 Mapeamento entre a 5G-GUTI e a EPS GUTI.

No modo de registo duplo, o UE mantém estados de gestão da mobilidade independentes para o acesso 3GPP ao 5GC e ao EPC, utilizando ligações RRC separadas. Neste modo, a UE mantém a 5G-GUTI e a 4G-GUTI de forma independente e pode estar registada apenas no 5GC, apenas no EPC ou tanto no 5GC como no EPC.

Note-se que o N26 é utilizado apenas para o acesso 3GPP. A mobilidade das sessões de PDU entre o acesso 3GPP e o acesso não 3GPP nos sistemas EPC e

5GC é conduzida pelo UE e é suportada sem N26. O resto da descrição nesta secção centra-se no interfuncionamento para acessos 3GPP. Quando a UE passa de um sistema para o outro, fornece a sua identidade temporária UE no formato do sistema de destino. Se a UE tiver sido previamente registada/vinculada a outro sistema ou não tiver sido registada/vinculada de todo no sistema de destino e não possuir qualquer identidade temporária UE do sistema de destino, a UE fornece uma identidade temporária UE mapeada, tal como descrito na Fig. 3.16.

Quando a UE se liga inicialmente à EPS, utiliza o seu IMSI como identidade da UE tanto para a E-UTRAN (na RRC) como para o EPC (no NAS). No entanto, no 5GS, o UE utiliza um SUCI para o 5GC (no NAS) que oculta a identidade do UE (ver capítulo 4 para mais informações sobre o SUCI). Em ambos os casos, não existe um contexto UE armazenado na rede, ou seja, a rede cria o contexto UE.

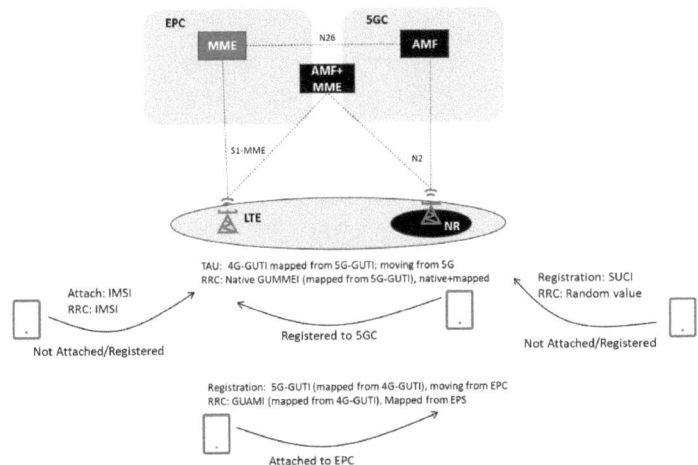

Fig. 3.17 UE forneceu a identidade UE no NAS e no RRC.

Quando a UE foi registada num sistema e se desloca para o outro, e não possui uma identidade UE nativa para o sistema de destino, a UE mapeia a identidade temporária UE do sistema de origem para o formato do sistema de destino, o que permite à RAN selecionar a rede central que serviu a UE da última vez, se disponível.

Quando o UE passa do 5GS para o EPS, define na RRC o GUMMEI (ou seja, MCC, MNC, ID do grupo MME, código MME) como um GUMMEI nativo. Caso contrário, qualquer eNB não atualizado para 5G teria tratado um "GUMMEI mapeado" como identificando um SGSN. A UE indica que o GUMMEI é mapeado a partir do 5G-GUTI para permitir que um eNB com atualização 5G diferencie os endereços MME de um endereço AMF. Na mensagem TAU, a UE inclui a

GUMMEI 4G mapeada a partir da GUMMEI 5G e indica que a UE está a mudar de 5G, o MME recupera então o contexto UE do 5GC via N26.

Quando o UE passa da EPS para a 5GS, o UE define na RRC o GUAMI (ou seja, MCC, MNC, ID da região AMF, ID do conjunto AMF e ponteiro AMF) mapeado a partir da 4G-GUTI e indica-o como mapeado a partir da EPS. Isto permite ao gNB selecionar a mesma entidade de rede central, por exemplo, AMF+MME, se disponível. Na mensagem de registo, a UE inclui a GUTI 5G mapeada a partir da GUTI 4G e indica que a UE está a mudar de EPC. Além disso, se a UE tiver uma GUTI 5G nativa, inclui-a como uma "GUTI adicional" e, neste caso, a AMF tenta recuperar o contexto da UE a partir da AMF antiga ou da UDSF.

Caso contrário, a AMF recupera o contexto UE da MME utilizando a 5G-GUTI mapeada a partir da 4G-GUTI.

No cenário acima, para o qual a UE também tem uma 5G-GUTI nativa, a UE está registada para 5GC utilizando o acesso 3GPP e, além disso, a UE regista-se para 5GC através de um acesso não-3GPP (utilizando N3IWF), ou seja, a UE está a utilizar tanto o acesso 3GPP como o acesso não-3GPP para 5GC. Em seguida, a conetividade de acesso 3GPP da UE é transferida para o EPC, enquanto a conetividade de acesso não 3GPP é mantida em direção ao 5GC. Em seguida, a conetividade de acesso 3GPP é transferida de novo do EPC para o 5GC, no qual a UE já está registada através do acesso não-3GPP, ou seja, a UE já tem uma GUTI 5G nativa e, consequentemente, indica-a como uma "GUTI adicional".

Conforme descrito, quando o UE fornece uma identidade temporária de UE mapeada, a E-UTRAN ou a NG-RAN podem selecionar a mesma entidade da rede de base a que o UE estava registado/ligado anteriormente, por exemplo, AMF+MME combinados, caso essa entidade esteja disponível.

A identidade temporária da UE fornecida na mensagem NAS é utilizada pelo MME ou AMF para recuperar o contexto UE da antiga entidade em que a UE estava anteriormente registada (por exemplo, através do N26 ou internamente à entidade, se tiver sido utilizada uma combinação AMF+MME).

A seleção pelo UE do modo de registo a utilizar, ou seja, modo de registo simples ou duplo, é decidida com base nos passos seguintes:

1. Ao registar-se na rede, ou seja, no EPC ou no 5GC (incluindo o registo inicial e a atualização do registo de mobilidade para o 5GC e a ligação e a atualização do TA para o EPC), a UE indica que suporta o modo do "outro" sistema, ou seja, para o 5GC a U E indica que suporta o "modo S1", ou seja, que suporta os procedimentos EPC, e para o EPC a UE indica que suporta o "modo N1", ou seja, que suporta os procedimentos 5GC.
2. Uma rede que suporta o interfuncionamento indica à UE se a rede suporta o "Interfuncionamento sem N26".
3. A UE selecciona então o modo de registo da seguinte forma:

a. se a rede indicar que não suporta o interfuncionamento sem o N26, a UE funcionará em modo de registo único, e

b. se a rede indicou que suporta o interfuncionamento sem N26, a UE decide se funciona em modo de registo simples ou duplo com base na implementação da UE (o suporte da UE para o modo de registo simples é obrigatório, enquanto o modo de registo duplo é opcional).

Não há suporte para o interfuncionamento entre 5GS e GERAN/UTRAN, o que significa que, por exemplo, a preservação do endereço IP para sessões de PDU IP não pode ser assegurada na mobilidade subsequente de ou para GERAN/UTRAN para uma UE que tenha sido registada em 5GS ou EPS.

Os princípios de alto nível especificamente para o interfuncionamento com a N26 e sem a N26 são descritos nas secções seguintes.

3.9.2.2 Interfuncionamento através da interface N26

Quando a interface N26 é utilizada para os procedimentos de interfuncionamento, o UE funciona em modo de registo único e as informações de contexto do UE são trocadas através da N26 entre o AMF e o MME. A AMF e a MME mantêm um estado MM (para o acesso 3GPP) para a UE, ou seja, na AMF ou na MME (e a MME ou a AMF está a registar-se no HSS+UDM quando detém o contexto UE). Os procedimentos de interfuncionamento proporcionam a continuidade do endereço IP na mobilidade inter-sistemas entre 5GS e EPS e são necessários para permitir a continuidade da sessão sem descontinuidades (por exemplo, para serviços vocais). O PGW-C+SMF mantém um mapeamento entre os parâmetros relativos à ligação PDN e à sessão PDU, por exemplo, tipo PDN/tipo de sessão PDU, DNN/APN, APN-AMBR/Sessão AMBR e mapeamento dos parâmetros QoS.

Para garantir a possibilidade de interfuncionamento entre o 5GS e o EPS, o AMF atribui uma EPS Bearer Identity (EBI) ao(s) fluxo(s) de QoS de uma sessão PDU enquanto o UE estiver a utilizar o 5GC (as EPS Bearers são utilizadas para a diferenciação da QoS, ver capítulo 5, e é necessária pelo menos uma EBI para a EPS Bearer predefinida de cada ligação PDN no EPS). O AMF mantém o registo do EBI atribuído, dos pares ARP para o ID da sessão PDU correspondente e do endereço SMF.

O AMF actualiza a informação quando uma sessão PDU é estabelecida, modificada (por exemplo, são adicionados novos fluxos QoS), libertada ou quando as sessões PDU são movidas para ou a partir de um acesso não-3GPP. A Fig. 3.18 mostra as interacções a um nível elevado.

Quando o N26 é suportado, o AMF em conjunto com o PGW-C+SMF decide, com base nas políticas do operador, por exemplo, se o DNN é igual ao IMS, que o(s) fluxo(s) de QoS de uma sessão PDU deve(m) ser ativado(s) para o interfuncionamento com o EPS e inicia um pedido (1) ao AMF para obter

EBI(s) atribuídos a um ou mais fluxos de QoS. O AMF mantém um registo das EBI(s) atribuídas ao UE e decide se aceita o pedido de EBI(s) (4). Devido a restrições no EPS, por exemplo, o número de portadores EPS suportados ou o facto de não haver mais do que um PGW-C+SMF a servir ligações PDN para o mesmo APN, a AMF pode ter necessidade de revogar (2) EBI(s) previamente atribuídos, por exemplo, no caso de os novos fluxos de QoS solicitados terem uma prioridade ARP mais elevada em comparação com os fluxos de QoS aos quais já foram atribuídos EBIs. Nesse caso, o

O PGW-C+SMF que revoga o(s) EBI terá de informar a NG-RAN e o UE da remoção dos parâmetros de QoS EPS mapeados correspondentes ao EBI revogado (3). Depois de ter sido atribuído um EBI a um fluxo de QoS, o SMF informa a NG-RAN e o UE sobre os parâmetros de QoS EPS mapeados adicionados correspondentes ao EBI.

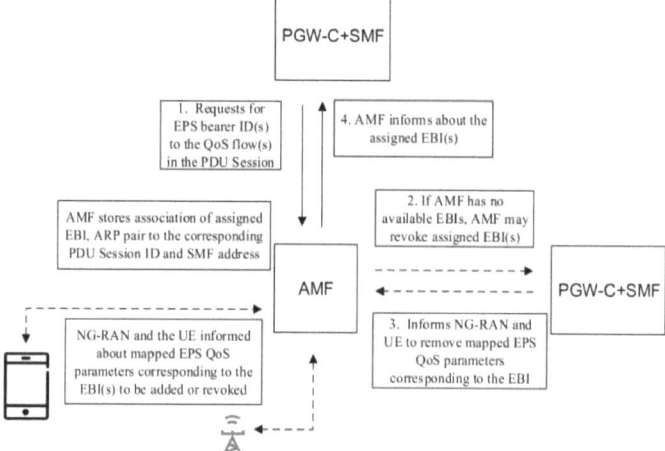

Fig. 3.18 Atribuição e revogação de EBI.

3.9.2.3 Interfuncionamento sem uma interface N26

No interfuncionamento sem interface N26, não é possível recuperar o contexto da UE do último MME/AMF de serviço, pelo que o HSS+UDM é utilizado para algum armazenamento adicional. O princípio é que a UE efectua a ligação ou o registo inicial e o MME e o AMF indicam ao HSS+UDM que não cancele o AMF ou o MME registado através do outro sistema, pelo que o HSS+UDM mantém um MME e um AMF até que a UE transfira com êxito todas as sessões PDU/ligações PDN. O PGWC+SMF também utiliza o HSS+UDM para armazenar o seu próprio endereço/FQDN e o APN/DNN correspondente para apoiar a preservação do endereço IP, uma vez que permite ao MME e ao AMF selecionar o mesmo PGW-C+SMF para uma ligação PDN/sessão PDU que tenha sido transferida do outro sistema.

O AMF indica ao UE, durante o registo inicial, que o interfuncionamento sem N26 é suportado e o MME pode fornecer essa indicação ao UE durante o procedimento de ligação. O UE, que funciona em modo de registo duplo, pode utilizar a indicação para se registar o mais cedo possível no sistema de destino, a fim de minimizar eventuais interrupções de serviço, e utilizar o procedimento de anexação em direção ao EPS para evitar que o MME rejeite a TAU de modo a que o UE tenha de repetir a anexação. Em direção ao 5GS, o UE utiliza o procedimento de registo que o AMF trata como um registo inicial.

Como já foi explicado, as UE em modo de registo único transferem as sessões PDU remanescentes após a ligação utilizando o procedimento de estabelecimento de ligação PDN solicitado pela UE com o tipo de pedido "handover" e transferem as ligações PDN após o registo utilizando o procedimento de estabelecimento de sessões PDU iniciado pela UE com o sinal "Existing PDU Sessions". As UE que operam em modo de registo duplo podem decidir seletivamente mover as ligações PDN e a sessão PDU em conformidade, uma vez que a UE está registada em ambos os sistemas.

3.10 Computação periférica

A computação periférica consiste em aproximar os serviços do local onde devem ser prestados. Os serviços incluem a capacidade de computação e a memória necessárias para
e.g. executando uma aplicação solicitada. Por conseguinte, a computação periférica visa deslocar as aplicações, os dados e a capacidade de computação (serviços) de pontos centralizados (centros de dados centrais) para locais mais próximos do utilizador (como centros de dados distribuídos). O objetivo é conseguir uma latência mais baixa e reduzir os custos de transmissão. As aplicações que utilizam grandes volumes de dados e/ou exigem tempos de resposta curtos, por exemplo, jogos de RV, reconhecimento facial em tempo real, videovigilância, etc., são algumas das candidatas que podem beneficiar da computação periférica.

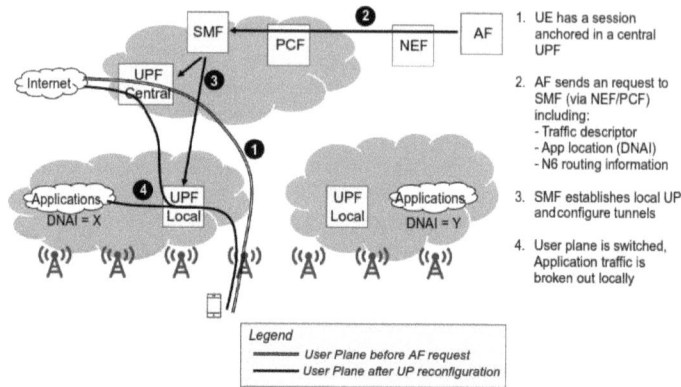

Fig. 3.19 Exemplo de caso de utilização da influência das FA no encaminhamento do tráfego.

Muito trabalho na indústria em torno da computação periférica tem sido feito na plataforma de aplicação para aplicações periféricas e API conexas, por exemplo, por um grupo de especificação da indústria ETSI denominado MEC (Multi-access Edge Computing). No entanto, no 3GPP, a tónica da computação periférica tem-se centrado, até agora, nos aspectos do acesso e da conetividade. Esta situação pode alterar-se em futuras versões, à medida que forem iniciados novos trabalhos, mas na versão 15 era este o caso.

O 3GPP não especifica quaisquer soluções ou arquitecturas especiais para a computação periférica. Em vez disso, o 3GPP define várias ferramentas gerais que podem ser utilizadas para fornecer um caminho eficiente para o plano do utilizador. Estas ferramentas, a maioria das quais já foi descrita anteriormente neste capítulo, não são específicas da computação periférica, mas podem ser utilizadas como facilitadores em implementações de computação periférica.

As principais ferramentas para a gestão da via UP são enumeradas a seguir, com referências a outras secções onde são descritas mais pormenorizadamente:

- Seleção UPF
- Encaminhamento seletivo do tráfego para o DN
- Modos de sessão e de continuidade do serviço (SSC)
- Influência da FA no encaminhamento do tráfego
- Exposição da capacidade de rede
- LADN

É claro que a computação periférica também pode beneficiar de outras características gerais do 5GS, como a QoS diferenciada e a tarifação.

3.11 Protocolos 5G

3.11.1 Introdução
Este capítulo descreve os principais protocolos utilizados no 5GS, com o objetivo de dar uma visão geral de alto nível desses protocolos e das suas propriedades básicas. O mundo está a avançar para a próxima geração de tecnologia sem fios, também conhecida como 5G. O protocolo 5G é a espinha dorsal desta tecnologia que irá revolucionar a forma como nos ligamos e comunicamos. A rede 5G fornecerá velocidades mais rápidas, maior capacidade e maior fiabilidade, tornando possível ligar mais dispositivos do que nunca. Neste artigo, vamos explorar o protocolo 5G em pormenor, incluindo as suas características, benefícios e funcionamento.

O protocolo 5G é o conjunto de regras e normas que regem a comunicação entre os dispositivos e a rede 5G. Define a forma como os dados são transmitidos, recebidos e processados na rede. O protocolo 5G foi concebido para ser mais eficiente, fiável e seguro do que as gerações anteriores de tecnologia sem fios, como a 4G LTE. Baseia-se nos mais recentes avanços tecnológicos, incluindo a inteligência artificial, a computação de ponta e a Internet das Coisas (IoT).

3.11.2 Características do protocolo 5G

O protocolo 5G tem várias características que o distinguem das gerações anteriores de tecnologia sem fios. Algumas dessas características incluem:

1. Velocidades mais rápidas: A rede 5G oferece velocidades mais rápidas do que a 4G LTE, com potencial para atingir velocidades até 20 Gbps. Isto deve-se à utilização de bandas de frequência mais elevadas e de técnicas avançadas de processamento de sinais.
2. Maior capacidade: a tecnologia 5G tem a capacidade de suportar mais dispositivos do que a 4G LTE, tornando possível ligar mais dispositivos em simultâneo. Isto é conseguido através da utilização de técnicas avançadas, como a formação de feixes e o MIMO maciço.
3. Latência mais baixa: a tecnologia 5G tem uma latência mais baixa do que a 4G LTE, o que significa que há menos atrasos na transmissão e receção de dados. Este facto deve-se à utilização de técnicas avançadas de processamento de sinais e de computação periférica.
4. Fiabilidade melhorada: A rede 5G foi concebida para ser mais fiável do que as gerações anteriores de tecnologia sem fios, com a capacidade de alternar entre diferentes frequências e bandas sem problemas.
5. Segurança melhorada: A tecnologia 5G inclui funcionalidades de segurança melhoradas, como encriptação, autenticação e divisão da rede, tornando-a mais segura do que as gerações anteriores de tecnologia sem fios.

3.11.3 Vantagens do protocolo 5G

O protocolo 5G oferece vários benefícios que irão revolucionar a forma como nos ligamos e comunicamos. Alguns desses benefícios incluem:

1. Conectividade melhorada: A rede 5G fornecerá velocidades mais rápidas, maior capacidade e maior fiabilidade, tornando possível ligar mais dispositivos do que nunca. Isto irá permitir novas aplicações e serviços que anteriormente não eram possíveis.
2. Melhoria da experiência do utilizador: As velocidades mais rápidas e a latência mais baixa proporcionadas pela tecnologia 5G melhorarão a experiência do utilizador, tornando possível transmitir vídeo de alta qualidade, jogar jogos online e utilizar outras aplicações que exigem muita largura de banda.
3. Maior eficiência: A rede 5G será mais eficiente do que as gerações anteriores de tecnologia sem fios, com a capacidade de suportar mais dispositivos utilizando menos energia. Isto resultará num menor consumo de energia e em custos mais baixos.
4. Novas oportunidades de negócios: A rede 5G irá permitir novas oportunidades de negócio, como a Internet das Coisas (IoT), cidades inteligentes e veículos autónomos. Isto criará novos mercados e impulsionará o crescimento económico.

3.11.4 Componentes principais do protocolo 5G

O protocolo 5G é composto por vários componentes-chave que funcionam em conjunto para proporcionar comunicações sem fios de alta velocidade. Esses componentes incluem:

1. Rede de acesso via rádio (RAN): A RAN é responsável pela transmissão e receção de dados entre os dispositivos e a rede 5G. É composta por um conjunto de estações de base e antenas que estão estrategicamente colocadas para proporcionar uma cobertura e capacidade óptimas.
2. Rede de base: A rede principal é a espinha dorsal da rede 5G, responsável pela gestão e processamento dos dados transmitidos através da RAN. Inclui várias funções-chave, como roteamento, comutação e autenticação, que garantem a transferência eficiente e segura de dados entre dispositivos.
3. Equipamento do utilizador (UE): O equipamento do utilizador refere-se aos dispositivos, como smartphones e tablets, que se ligam à rede 5G. O UE está equipado com antenas e processadores avançados que lhe permitem comunicar com a RAN e a rede principal.

3.11.5 Funções do protocolo 5G

O protocolo 5G desempenha várias funções-chave que lhe permitem fornecer comunicações sem fios rápidas e fiáveis. Essas funções incluem:

1. Formação de feixes: A formação de feixes é uma técnica que utiliza antenas avançadas para direcionar o sinal sem fios para o dispositivo pretendido. Isto ajuda a melhorar a intensidade do sinal e a reduzir as interferências, resultando em velocidades mais rápidas e numa melhor cobertura.
2. MIMO maciço: O MIMO massivo é uma técnica que utiliza várias antenas para transmitir e receber dados em simultâneo. Isso permite que a rede 5G suporte mais

dispositivos e forneça maior capacidade, além de melhorar a qualidade do sinal.

3. Fatiamento da rede: O fatiamento da rede é uma técnica que permite que a rede 5G seja dividida em várias redes virtuais, cada uma adaptada a aplicações ou serviços específicos. Isto permite uma utilização mais eficiente dos recursos da rede e uma melhor gestão do tráfego da rede.

4. Computação de ponta: A computação periférica é uma técnica que aproxima o poder de computação do dispositivo, reduzindo a latência e melhorando os tempos de resposta. Isto ajuda a melhorar a experiência do utilizador e a permitir novas aplicações e serviços, como a realidade virtual e aumentada.

3.12 Estrato de não acesso 5G (5G NAS)

3.12.1 Introdução

NAS designa os principais protocolos do plano de controlo entre a UE e a rede de base.

As principais funções do NAS são:

- Tratamento do registo e da mobilidade dos UE, incluindo a funcionalidade genérica de controlo do acesso, como a gestão da ligação, a autenticação, o tratamento da segurança dos NAS, a identificação dos UE e a configuração dos UE

- Suporte dos procedimentos de gestão da sessão para estabelecer e manter a conetividade da sessão PDU e a QoS para o plano do utilizador entre a UE e o DN

- Transporte NAS geral entre a UE e o AMF para transportar outros tipos de mensagens que não estão definidas como parte do protocolo NAS propriamente dito. Isto inclui, por exemplo, o transporte de SMS, o protocolo LPP para os serviços de localização, os dados UDM, tais como as mensagens SOR (Steering of Roaming), bem como as políticas da UE (URSP).

O NAS consiste em dois protocolos básicos para suportar a funcionalidade acima referida: o protocolo de gestão da mobilidade 5GS (5GMM) e o protocolo de gestão da sessão 5GS (5GSM).

O protocolo 5GMM é executado entre a UE e o AMF e é o protocolo NAS básico utilizado para tratar os registos da UE, a mobilidade, a segurança e também o transporte do protocolo 5GSM, bem como o transporte NAS geral de outros tipos de mensagens. O protocolo 5GSM é executado entre o UE e o SMF (através do AMF) e suporta a gestão da conetividade da sessão PDU. É transportado no topo do protocolo 5GMM, como mostra a Fig. 3.20. O protocolo 5GMM é também utilizado para transportar informações entre a UE e o PCF, a UE e o SMSF, etc., como mostra a Fig. 3.20. Os protocolos 5GMM e 5GSM serão descritos mais adiante.

Com a 5G, o protocolo NAS é utilizado tanto no acesso 3GPP como no acesso não-3GPP. Esta é uma diferença fundamental em relação ao EPS/4G, em que o NAS foi concebido à medida apenas para o acesso 3GPP (E-UTRAN).

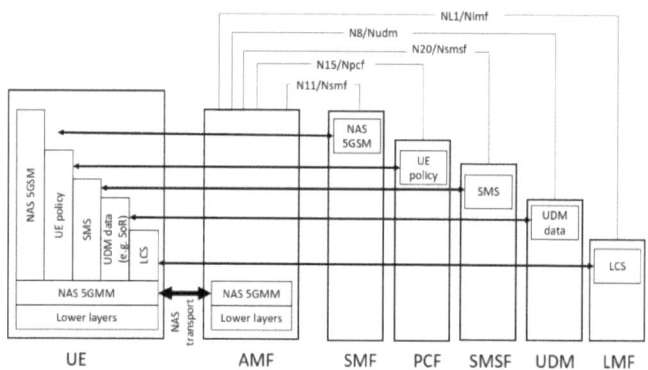

Fig. 3.20 Pilha de protocolos NAS com protocolos NAS-MM e NAS-MM.

As mensagens NAS são transportadas por NGAP (utilizado no ponto de referência N2) entre a AMF e a (R)AN e por meios específicos de acesso entre a (R)AN e o UE. O NGAP é descrito na secção 3.3 do presente capítulo.

Os protocolos NAS 5G são definidos como novos protocolos em 5G, mas têm muitas semelhanças com os protocolos NAS utilizados para 4G/EPS e também com os protocolos NAS definidos para 2G/3G/GPRS. Os protocolos NAS 5G são especificados na TS 24.501 do 3GPP.

3.12.2 Gestão da mobilidade 5G

Os procedimentos 5GMM são utilizados para manter o registo do paradeiro da UE, para autenticar a UE e controlar a proteção da integridade e a cifragem. Os procedimentos 5GMM também permitem que a rede atribua novas identidades temporárias à UE (5G- GUTI) e também solicite informações de identidade (SUCI e PEI) da UE. Além disso, os procedimentos 5GMM fornecem à rede informações sobre a capacidade do UE e a rede pode também informar o UE sobre informações relativas a serviços específicos na rede. O protocolo 5GMM funciona assim a nível do UE (por tipo de acesso), ao contrário do protocolo 5GSM que funciona a nível da sessão PDU. A sinalização NAS do 5GMM tem lugar entre o UE e o AMF.

Os procedimentos básicos do 5GMM são:
- Registo
- Cancelamento do registo
- Autenticação
- Controlo do modo de segurança

- Pedido de serviço
- Notificação
- Uplink Transporte NAS
- Transporte NAS de ligação descendente
- Atualização da configuração da UE (por exemplo, para reatribuição de 5G-GUTI, atualização da lista TAI, etc.)
- Pedido de identidade UE

Os tipos de mensagens NAS de gestão da mobilidade 5GS utilizados para apoiar estes procedimentos são enumerados no quadro 3.12.1.

Quadro 3.12.1 Tipos de mensagens NAS para a gestão da mobilidade.

Type of procedure	Message type	Direction
5GMM specific procedures	Registration request	UE → AMF
	Registration accept	AMF → UE
	Registration complete	UE → AMF
	Registration reject	AMF → UE
	Deregistration request (UE originating procedure)	UE → AMF
	Deregistration accept (UE originating procedure)	AMF → UE
	Deregistration request (UE terminated procedure)	AMF → UE
	Deregistration accept (UE terminated procedure)	UE → AMF
5GMM connection management procedures	Service request	UE → AMF
	Service reject	AMF → UE
	Service accept	AMF → UE
5GMM common procedures	Configuration update command	AMF → UE
	Configuration update complete	UE → AMF
	Authentication request	AMF → UE
	Authentication response	UE → AMF
	Authentication reject	AMF → UE
	Authentication failure	UE → AMF
	Authentication result	AMF → UE
	Identity request	AMF → UE
	Identity response	UE → AMF

Type of procedure	Message type	Direction
	Security mode command	AMF → UE
	Security mode complete	UE → AMF
	Security mode reject	UE → AMF
	5GMM status	UE → AMF or AMF → UE
	Notification	AMF → UE
	Notification response	UE → AMF
	UL NAS transport	UE → AMF
	DL NAS transport	AMF → UE

Os procedimentos do 5GMM só podem ser efectuados se tiver sido estabelecida uma ligação de sinalização NAS entre a UE e o AMF. Se não existir uma ligação de sinalização ativa, a camada 5GMM tem de iniciar o estabelecimento de uma ligação de sinalização NAS. A ligação de sinalização NAS é estabelecida por um procedimento de registo ou de pedido de serviço da UE. Para a sinalização NAS de ligação descendente, se não existir uma ligação de sinalização ativa, a AMF inicia primeiro um procedimento de paginação que faz com que a UE execute o procedimento de pedido de serviço. (Ver Capítulo 15 para uma descrição destes procedimentos).

Os procedimentos 5GMM, por sua vez, dependem dos serviços do protocolo NGAP subjacente entre a (R)AN e o AMF (ou seja, N2) e da sinalização específica do acesso entre o UE e a (R)AN, como o RRC para o acesso 3GPP, para estabelecer a conetividade.

3.12.3 Gestão de sessões 5G

Os procedimentos 5GSM são utilizados para gerir as sessões de PDU e a QoS para o utilizador
Avião.

Isto inclui procedimentos para estabelecer e libertar sessões PDU, bem como modificação de sessões PDU para adicionar, remover ou modificar regras de QoS. Os procedimentos 5GSM são também utilizados para efetuar a autenticação secundária de uma sessão PDU (ver capítulo 6 para uma descrição adicional da autenticação secundária). O protocolo 5GSM funciona, assim, a nível da sessão PDU, ao contrário do protocolo 5GMM que funciona a nível da UE.

Os procedimentos básicos do 5GSM são:
- PDU Estabelecimento de sessão
- PDU Libertação da sessão
- PDU Alteração da sessão
- PDU Autenticação e autorização da sessão
- Estado do 5GSM (para trocar informações sobre o estado da sessão PDU)

Os tipos de mensagens SM NAS que servem de suporte a estes procedimentos são enumerados no quadro 3.12.2.

Quadro 3.12.2 Tipos de mensagens NAS para a gestão de sessões.

Message type	Direction
PDU Session establishment request	UE → SMF
PDU Session establishment accept	SMF → UE
PDU Session establishment reject	SMF → UE
PDU Session authentication command	SMF → UE
PDU Session authentication complete	UE → SMF
PDU Session authentication result	SMF → UE
PDU Session modification request	UE → SMF
PDU Session modification reject	SMF → UE
PDU Session modification command	SMF → UE
PDU Session modification complete	UE → SMF
PDU Session modification command reject	UE → SMF
PDU Session release request	UE → SMF
PDU Session release reject	SMF → UE
PDU Session release command	SMF → UE
PDU Session release complete	UE → SMF
5GSM status	UE → SMF or SMF → UE

3.12.4 Estrutura da mensagem

Os protocolos NAS são implementados como mensagens 3GPP L3 normalizadas em conformidade com a norma 3GPP TS 24.007. A norma 3GPP L3 de acordo com a 3GPP TS 24.007 e as suas antecessoras foram também utilizadas para as mensagens de sinalização NAS nas gerações anteriores (2G, 3G, 4G).

As regras de codificação foram desenvolvidas para otimizar a dimensão da mensagem na interface aérea e para permitir a extensibilidade e a compatibilidade com versões anteriores sem necessidade de negociação de versões.

Cada mensagem NAS contém um Discriminador de Protocolo e um Tipo de Mensagem. O Discriminador de Protocolo é um valor que indica o protocolo que está a ser utilizado, ou seja, para as mensagens NAS 5G é o 5GMM ou o 5GSM (para ser mais preciso, para o 5G, teve de ser definido um Discriminador de Protocolo Alargado, uma vez que os números disponíveis do Discriminador de Protocolo original estavam a esgotar-se). O tipo de mensagem indica a mensagem específica que é enviada, por exemplo, pedido de registo, aceitação de registo ou pedido de modificação da sessão PDU, como indicado nos quadros 3.12.1 e 3.12.2.

As mensagens NAS 5GMM contêm também um cabeçalho de segurança que indica se a mensagem está protegida por integridade e/ou cifrada. As mensagens 5GSM contêm uma identidade de sessão de PDU que identifica a sessão de PDU a que a mensagem 5GSM se refere. O resto dos elementos de informação nas mensagens 5GMM e 5GSM são adaptados a cada mensagem NAS específica.

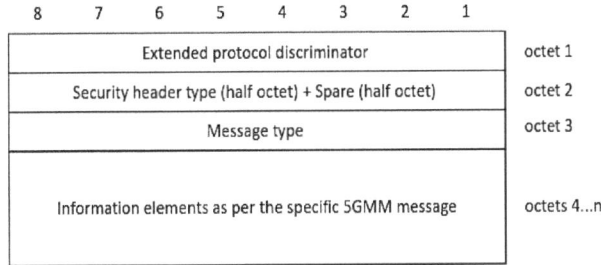

Fig. 3.21 Estrutura do quadro da mensagem NAS 5GMM simples.

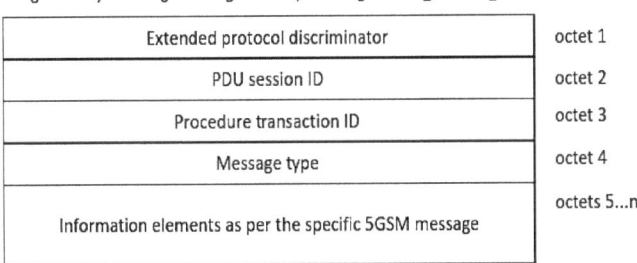

Fig. 3.22 Estrutura do quadro da mensagem NAS 5GSM simples.

A organização de uma mensagem NAS 5GMM simples é mostrada na Fig. 3.21 e de uma mensagem 5GSM simples é mostrada na Fig. 3.22.
Quando uma mensagem NAS é protegida pela segurança, a mensagem NAS simples é encapsulada como mostra a Fig. 3.23. Este formato aplica-se a todas as mensagens 5GSM, uma vez que estão sempre protegidas pela segurança. Aplica-se igualmente às mensagens 5GMM protegidas por segurança. Nestas mensagens NAS com proteção de segurança, o primeiro discriminador de protocolo alargado indica que se trata de uma mensagem 5GMM, dado que a segurança NAS faz parte do protocolo NAS 5GMM. A mensagem NAS simples dentro da mensagem NAS protegida com segurança tem discriminadores de protocolo alargados adicionais que indicam se se trata de uma mensagem 5GMM ou 5GSM. Pode ser efectuado um encapsulamento adicional na mensagem NAS simples no interior da mensagem NAS protegida por segurança. A mensagem NAS simples pode, por exemplo, ser uma mensagem UL de transporte NAS (5GMM) que contém uma mensagem PDU de pedido de estabelecimento de sessão (5GSM).

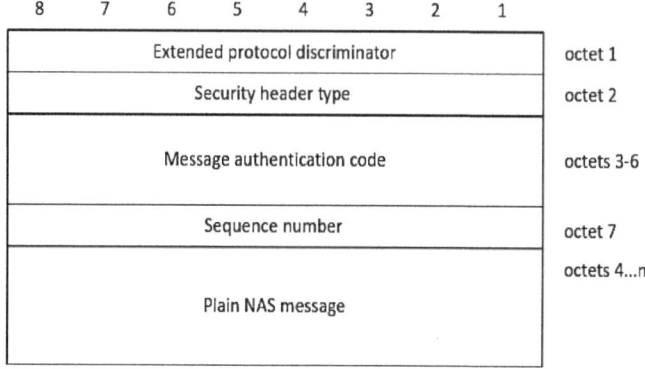

Fig. 3.23 Mensagem NAS protegida por segurança.

Mais pormenores sobre as mensagens EPS NAS e os elementos de informação estão disponíveis na 3GPP TS 24.501 e na 3GPP TS 24.007.

3.12.5 Extensões futuras e compatibilidade com versões anteriores

A UE e a rede são, em princípio, especificadas para ignorar os elementos de informação que não compreendem. Por conseguinte, é possível que uma versão posterior do sistema acrescente novos elementos de informação na sinalização NAS 5G sem afetar os UE e a rede que aplicam versões anteriores das especificações.

3.13 Protocolo de aplicação NG (NGAP)

3.13.1 Introdução

O protocolo NGAP foi concebido para ser utilizado na interface N2 entre a (R)AN e o AMF. Note-se que os grupos 3GPP RAN deram o nome NG à interface RAN-AMF que, na arquitetura global do sistema, se chama N2. O nome do protocolo NGAP deriva assim do nome da interface NG com a adição de AP (Application Protocol), que é um termo que tem sido utilizado muitas vezes pelo 3GPP para designar um protocolo de sinalização entre duas funções de rede.

3.13.2 Princípios básicos

A NGAP suporta todos os mecanismos necessários para tratar os procedimentos entre o AMF e a (R)AN, e suporta também o transporte transparente para os procedimentos que são executados entre o UE e o AMF ou outras funções da rede de base. O NGAP é aplicável tanto ao acesso 3GPP como aos acessos não 3GPP integrados no 5GC. Esta é uma diferença fundamental em relação ao EPC, em que o S1AP foi concebido para ser utilizado apenas com acesso 3GPP (E-UTRAN) e não com acessos não-3GPP. No entanto, embora o NGAP seja aplicável a qualquer acesso, a sua conceção foi principalmente direccionada para os acessos 3GPP (NG-RAN), o que também se pode notar na especificação do protocolo definida na TS 38.413 do 3GPP. O suporte para parâmetros específicos relacionados com acessos não-3GPP foi acrescentado ao protocolo quando necessário.

As interacções NGAP entre AMF e (R)AN estão divididas em dois grupos:

- Serviços não associados à UE: Estes serviços NGAP estão relacionados com toda a instância da interface NG entre o nó (R)AN e o AMF. São, por exemplo, utilizados para estabelecer a ligação de sinalização NGAP entre a AMF e a (R)AN, tratar algumas situações de sobrecarga e trocar dados de configuração da RAN e da AMF.

- Serviços associados à UE: Estes serviços NGAP estão relacionados com uma UE. Esta sinalização NGAP está assim relacionada com procedimentos em que uma UE está envolvida, por exemplo, no registo, no estabelecimento de sessões PDU, etc.

O protocolo NGAP suporta as seguintes funções:

- Funções de gestão da interface NG (ou seja, N2), por exemplo, configuração inicial da interface NG, bem como reposição, indicação de erro, indicação de sobrecarga e equilíbrio de carga.

- Funcionalidade de configuração inicial do contexto UE para o estabelecimento de um contexto UE inicial no nó(R)AN.

- Fornecimento da informação de capacidade da UE à AMF (quando recebida da UE).

- Funções de mobilidade para as UE, a fim de permitir a transferência na NG-RAN, por exemplo, pedido dc mudança de canal horário.

- Configuração, modificação e libertação de recursos da sessão PDU (recursos do plano do utilizador)

- Paging, fornecendo a funcionalidade para o 5GC efetuar o page da UE.

- Funcionalidade de transporte de sinalização NAS entre a UE e o AMF

- Gestão da ligação entre uma associação NGAP UE e uma associação específica da camada de rede de transporte para uma determinada UE

- Funcionalidade de transferência de estado (transfere as informações de estado do número de sequência PDCP do nó NG-RAN de origem para o nó NG-

RAN de destino (via AMF) para apoiar a entrega na sequência e evitar a duplicação para a transferência).
- Traço de UEs activos.
- Suporte do protocolo de comunicação da localização e posicionamento da UE.
- Transmissão de mensagem de aviso.

3.13.3 Procedimentos elementares do NGAP

O NGAP consiste em Procedimentos Elementares. Um procedimento elementar é uma unidade de interação entre o (R)AN (p. ex., nó NG-RAN) e o AMF. Estes Procedimentos Elementares são definidos separadamente e destinam-se a ser utilizados para construir sequências completas de forma flexível. Os Procedimentos Elementares podem ser invocados independentemente uns dos outros como procedimentos autónomos, que podem estar activos em paralelo. Alguns procedimentos elementares estão especificamente relacionados apenas com serviços não associados à UE (por exemplo, o procedimento de configuração NG), enquanto outros estão relacionados apenas com serviços associados à UE (por exemplo, o procedimento de modificação do recurso de sessão PDU). Alguns procedimentos elementares podem utilizar sinalização não associada à UE ou associada à UE, dependendo do âmbito e do contexto, por exemplo, o procedimento de Indicação de Erro que utiliza sinalização associada à UE se o erro estiver relacionado com a receção de uma mensagem de sinalização associada à UE, enquanto que, caso contrário, utiliza sinalização não associada à UE.

Em alguns casos, a independência entre alguns procedimentos elementares é restringida; neste caso, a restrição específica é especificada na especificação do protocolo NGAP.

Os quadros 3.13.1 e 3.13.2 enumeram os procedimentos elementares do NGAP. Alguns dos procedimentos são do tipo pedido-resposta, em que o iniciador obtém uma resposta do recetor do pedido, indicando se o pedido foi tratado com êxito ou não. Estes são enumerados no quadro 3.13.1. Outros procedimentos são procedimentos elementares sem resposta. Estas mensagens são utilizadas, por exemplo, quando o AMF pretende apenas entregar uma mensagem NAS de ligação descendente. Neste caso, não é necessário que a RAN dê uma resposta, uma vez que o tratamento dos erros é efectuado a nível NAS. Os procedimentos elementares que não têm resposta são enumerados no quadro 3.13.2.

Não existe negociação de versão no NGAP. A compatibilidade do protocolo com o passado e com o futuro é, pelo contrário, assegurada por um mecanismo em que todas as mensagens actuais e futuras, e os IDI ou grupos de IDI relacionados, incluem campos de ID e de criticalidade que são codificados num formato normalizado que não será alterado no futuro. Estas partes podem sempre ser descodificadas, independentemente da versão normalizada.

O NGAP depende de um mecanismo de transporte fiável e foi concebido para ser executado em cima de SCTP.

Quadro 3.13.1 Procedimentos elementares NGAP com uma resposta que indica sucesso ou fracasso.

Elementary procedure	Initiating NGAP message	Successful outcome NGAP response message	Unsuccessful outcome NGAP response message
AMF configuration update	AMF configuration update	AMF configuration update acknowledge	AMF configuration update failure
RAN configuration update	RAN configuration update	RAN configuration update acknowledge	RAN configuration update failure
Handover cancellation	Handover cancel	Handover cancel acknowledge	
Handover preparation	Handover required	Handover command	Handover preparation failure
Handover resource allocation	Handover request	Handover request acknowledge	Handover failure
Initial context setup	Initial context setup request	Initial context setup response	Initial context setup failure
NG reset	NG reset	NG reset acknowledge	
NG setup	NG setup request	NG setup response	NG setup failure
Path switch request	Path switch request	Path switch request acknowledge	Path switch request failure
PDU session resource modify	PDU session resource modify request	PDU session resource modify response	
PDU session resource modify indication	PDU session resource modify indication	PDU session resource modify confirm	
PDU session resource release	PDU session resource release command	PDU session resource release response	
PDU session resource setup	PDU session resource setup request	PDU session resource setup response	
UE context modification	UE context modification request	UE context modification response	UE context modification failure

Quadro 3.13.2 Procedimentos elementares do NGAP sem resposta

Elementary procedure	NGAP message
Downlink RAN configuration transfer	Downlink RAN configuration transfer
Downlink RAN status transfer	Downlink RAN status transfer
Downlink NAS transport	Downlink NAS transport
Error indication	Error indication
Uplink RAN configuration transfer	Uplink RAN configuration transfer
Uplink RAN status transfer	Uplink RAN status transfer
Handover notification	Handover notify
Initial UE message	Initial UE message
NAS non delivery indication	NAS non delivery indication
Paging	Paging
PDU session resource notify	PDU session resource notify
Reroute NAS request	Reroute NAS request
UE context release request	UE context release request
Uplink NAS transport	Uplink NAS transport
AMF status indication	AMF status indication
PWS restart indication	PWS restart indication
PWS failure indication	PWS failure indication
Downlink UE associated NRPPa transport	Downlink UE associated NRPPA transport
Uplink UE associated NRPPa transport	Uplink UE associated NRPPA transport
Downlink Non UE associated NRPPa transport	Downlink non UE associated NRPPA transport
Uplink non UE associated NRPPa transport	Uplink non UE associated NRPPA transport
Trace start	Trace start

Elementary procedure	NGAP message
Location report	Location report
UE TNLA binding release	UE TNLA binding release request
UE radio capability info indication	UE radio capability info indication
RRC inactive transition report	RRC inactive transition report
Overload start	Overload start
Overload stop	Overload stop

3.14 Protocolo de encapsulamento GPRS para o plano do utilizador (GTP-U)

Os dois principais componentes do GTP são a parte do plano de controlo do GTP (GTP-C) e a parte do plano de utilizador do GTP (GTP-U). O GTP-C é o protocolo de controlo utilizado em 3G/GPRS e 4G/EPS para controlar e gerir as ligações PDN e os túneis do plano do utilizador que constituem o caminho do plano do utilizador. O GTP-U utiliza um mecanismo de túnel para transportar o tráfego de dados do utilizador e é executado através do transporte UDP. No 5GS, o GTP-U foi reutilizado para transportar os dados do plano do utilizador através do N3 e do N9 (e do N4), mas o protocolo de controlo para gerir as identidades dos túneis, etc., utiliza o HTTP/2 e o NGAP, que foram descritos acima. O GTP-C só é utilizado quando o 5GC está a funcionar em interação com o EPC. Por conseguinte, aqui apenas descreveremos o GTP-U.

Um leitor interessado no GTP-C pode, por exemplo, consultar um livro sobre EPC, como Olsson et al.(2012). Os túneis GTP-U são utilizados entre dois nós GTP-U correspondentes para separar o tráfego em diferentes fluxos de comunicação. Um ponto final de túnel local (TEID), o endereço IP e a porta UDP identificam de forma única um ponto final de túnel em cada nó, devendo ser utilizado para a comunicação o TEID atribuído pela entidade recetora.

No 5GC, os túneis GTP-U são estabelecidos através do fornecimento de TEIDs GTP-U e endereços IP entre a (R)AN e o SMF. Esta sinalização é efectuada por HTTP/2 entre SMF e AMF e por NGAP entre AMF e (R)AN. Portanto, não há uso de GTP-C no 5GC para gerenciar túneis GTP-U. A pilha de protocolos do plano do utilizador para uma sessão PDU é apresentada na Fig. 3.24.

Um caminho GTP é identificado em cada nó com um endereço IP e um número de porta UDP. Um caminho pode ser utilizado para multiplexar túneis GTP e podem existir vários caminhos entre duas entidades que suportem GTP.

O TEID que está presente no cabeçalho do GTP-U indica a que túnel pertence uma determinada carga útil. Assim, os pacotes são multiplexados e demultiplexados pelo GTP-U entre um dado par de Tunnel Endpoints. O cabeçalho do GTP-U é mostrado na Fig. 3.25. O protocolo GTP-U é definido na TS 29.281 do 3GPP.

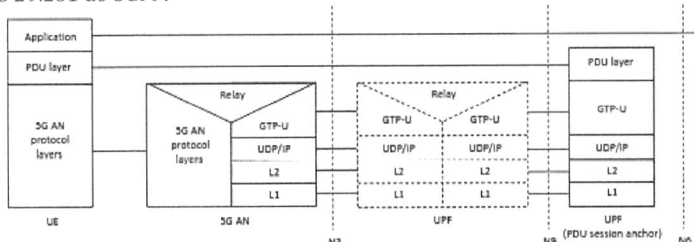

Fig. 3.24 Pilha de protocolos do plano do utilizador para uma sessão PDU.

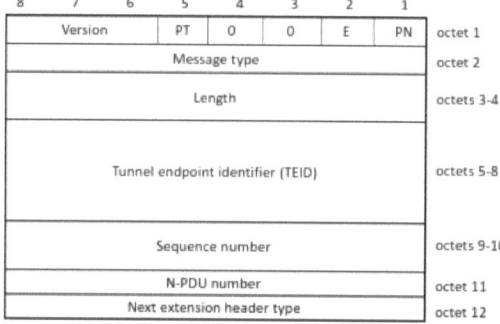

Fig. 3.25 Cabeçalho GTP-U.

3.15 Segurança IP (IPSec)

3.15.1 Introdução

O IPsec é um tema muito vasto e foram escritos muitos livros sobre este assunto. Não é a intenção ou ambição deste capítulo fornecer uma visão geral completa e um tutorial sobre o IPsec. Em vez disso, faremos uma introdução de alto nível aos conceitos básicos do IPsec, concentrando-nos nas partes do IPsec que são usadas no 5GS.

O IPsec fornece serviços de segurança tanto para o IPv4 como para o IPv6. Funciona na camada IP, oferece proteção do tráfego que corre acima da camada IP e também pode ser utilizado para proteger as informações do cabeçalho IP na camada IP. O 5GS utiliza o IPsec para proteger a comunicação em várias interfaces, nalguns casos entre nós na rede de base e noutros casos entre o UE e a rede de base. Por exemplo, o IPsec é utilizado para proteger o tráfego na rede de base como parte do quadro NDS/IP. O IPsec é também utilizado entre o UE e o N3IWF para proteger a sinalização NAS e o tráfego no plano do utilizador.

Na próxima secção, apresentamos uma visão geral dos conceitos básicos do IPsec. Em seguida, abordamos os protocolos IPsec para proteger os dados do utilizador: o ESP e o AH. De seguida, abordamos o protocolo Internet Key Exchange (IKE) utilizado para autenticação e estabelecimento de Associações de Segurança (SAs) IPsec. Por fim, abordamos brevemente o protocolo de mobilidade e multihoming IKEv2 (MOBIKE).

3.15.2 Visão geral do IPsec

A arquitetura de segurança do IPsec é definida no IETF RFC 4301. O conjunto de serviços de segurança fornecidos pelo IPsec inclui:

- Controlo de acesso
- Autenticação da origem dos dados
- Integridade sem ligação
- Deteção e rejeição de repetições
- Confidencialidade
- Confidencialidade limitada do fluxo de tráfego.

Por controlo de acesso entende-se o serviço destinado a impedir a utilização não autorizada de um recurso, como um determinado servidor ou uma determinada rede. O serviço de autenticação da origem dos dados permite que o recetor dos dados verifique a identidade do alegado remetente dos dados.

A integridade sem ligação é o serviço que garante que um recetor pode detetar se os dados recebidos foram modificados no caminho a partir do remetente. No entanto, não detecta se os pacotes foram duplicados (repetidos) ou reordenados. A autenticação da origem dos dados e a integridade sem ligação são normalmente utilizadas em conjunto. A deteção e rejeição de repetições é uma forma de integridade parcial da sequência, em que o recetor pode detetar se um pacote foi duplicado. A confidencialidade é o serviço que protege o tráfego de ser lido por partes não autorizadas. O mecanismo para obter confidencialidade com

O IPsec é um serviço de cifragem, em que o conteúdo dos pacotes IP é transformado através de um algoritmo de cifragem, de modo a tornar-se ininteligível. A confidencialidade limitada do fluxo de tráfego é um serviço através do qual o IPsec pode ser utilizado para proteger algumas informações sobre as características do fluxo de tráfego, por exemplo, endereços de origem e de destino, comprimento da mensagem ou frequência do comprimento dos pacotes.

Para utilizar os serviços IPsec entre dois nós, os nós utilizam determinados parâmetros de segurança que definem a comunicação, tais como chaves, algoritmos de encriptação, etc. Para gerir estes parâmetros, o IPsec utiliza Associações de Segurança (SAs). Uma SA é a relação entre as duas entidades, definindo a forma como vão comunicar utilizando o IPsec. Uma SA é unidirecional, pelo que, para fornecer proteção IPsec ao tráfego bidirecional, é necessário um par de SAs, uma em cada direção. Cada SA IPsec é identificado exclusivamente por um índice de parâmetros de segurança (SPI), juntamente com o endereço IP de destino e o protocolo de segurança (AH ou ESP; ver infra). O SPI pode ser visto como um índice de uma base de dados de associações de segurança mantida pelos nós IPsec e que contém todos os SA. Como se verá adiante, o protocolo IKE pode ser utilizado para estabelecer e manter SAs IPsec.

O IPsec também define uma base de dados de políticas de segurança (SPD) nominal, que contém a política relativa ao tipo de serviço IPsec que é prestado ao tráfego IP que entra e sai do nó.

O SPD contém entradas que definem um subconjunto de tráfego IP, por exemplo, utilizando filtros de pacotes, e aponta para um SA (se existir) para esse tráfego.

3.15.3 Carga útil de segurança encapsulada e cabeçalho de autenticação

O IPsec define dois protocolos para proteger os dados, o Encapsulated Security Payload (ESP) e o Authentication Header (AH). O protocolo ESP é definido no IETF RFC 4303 e o AH no IETF RFC 4302, ambos de 2005.

O ESP pode fornecer integridade e confidencialidade, enquanto o AH apenas fornece integridade. Outra diferença é que o ESP protege apenas o conteúdo do pacote IP (incluindo o cabeçalho ESP e parte do trailer ESP), enquanto o AH protege o pacote IP completo, incluindo o cabeçalho IP e o cabeçalho AH. Veja as Figs. 14.18 e 14.19 para ilustrações de pacotes protegidos por ESP e AH. Os campos nos cabeçalhos ESP e AH são descritos resumidamente a seguir. ESP e AH são normalmente usados separadamente, mas é possível, embora não seja comum, usá-los juntos. Se utilizados em conjunto, o ESP é normalmente utilizado para confidencialidade e o AH para proteção da integridade.

O SPI está presente nos cabeçalhos ESP e AH e é um número que, juntamente com o endereço IP de destino e o tipo de protocolo de segurança (ESP ou AH), permite ao recetor identificar a SA à qual o pacote de entrada está ligado. O número de sequência contém um contador que aumenta para cada pacote enviado. É utilizado para ajudar na proteção contra repetição.

O valor de verificação da integridade (ICV) no cabeçalho AH e no atrelado ESP contém o valor de verificação da integridade calculado criptograficamente. O recetor calcula o valor de verificação de integridade para o pacote recebido e compara-o com o valor recebido no pacote ESP ou AH.

O ESP e o AH podem ser utilizados em dois modos: modo de transporte e modo de túnel. No modo de transporte, o ESP é utilizado para proteger a carga útil de um pacote IP. O campo de dados, conforme ilustrado na Fig. 3.25, conteria então, por exemplo, um cabeçalho UDP ou TCP, bem como os dados da aplicação transportados por UDP ou TCP. Ver a Fig. 3.26 para uma ilustração de um pacote UDP protegido com ESP no modo de transporte. No modo túnel, por outro lado, o ESP e o AH são usados para proteger um pacote IP completo. A parte de dados do pacote ESP na Fig. 3.27 corresponde agora a um pacote IP completo, incluindo o cabeçalho IP. Veja a Fig. 3.28 para uma ilustração de um pacote UDP que é protegido usando ESP no modo túnel.

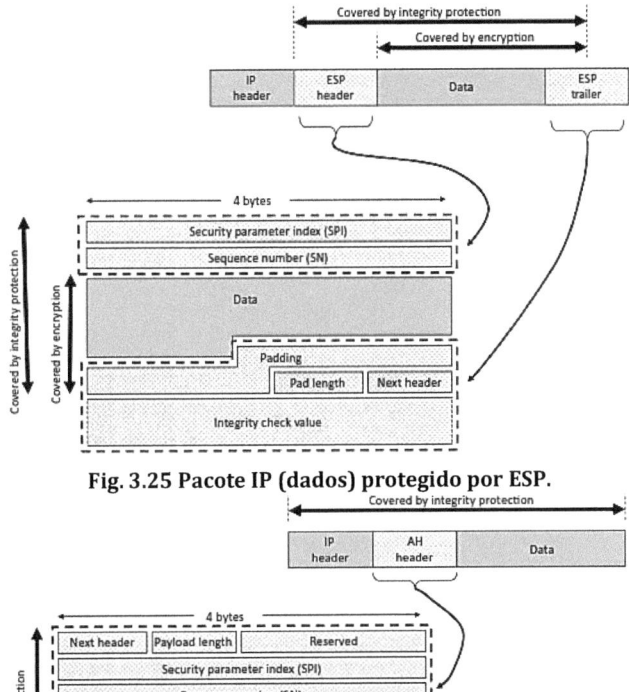

Fig. 3.25 Pacote IP (dados) protegido por ESP.

Fig. 3.26 Pacote IP (dados) protegido por AH.

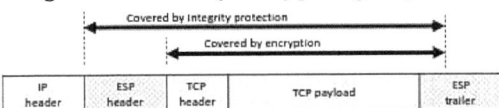

Fig. 3.27 Exemplo de um pacote IP protegido com ESP em modo de transporte.

Fig. 3.28 Exemplo de pacote IP protegido com ESP em modo túnel.

O modo de transporte é frequentemente utilizado entre dois pontos terminais para proteger o tráfego correspondente a uma determinada aplicação. O modo túnel é normalmente utilizado para proteger todo o tráfego IP entre gateways de segurança ou em ligações VPN em que um UE se liga a uma rede segura através de um acesso não seguro.

3.15.4 Troca de chaves na Internet

Para comunicar utilizando o IPsec, as duas partes precisam de estabelecer as SAs IPsec necessárias. Isto pode ser feito manualmente, configurando simplesmente ambas as partes com os parâmetros necessários. No entanto, em muitos cenários, é necessário um mecanismo dinâmico para autenticação, geração de chaves e geração de SA IPsec. É aqui que entra em cena o Internet Key Exchange (IKE). O IKE é utilizado para autenticar as duas partes e para negociar, estabelecer e manter SAs de forma dinâmica (o IKE pode ser visto como o criador de SAs e o IPsec como o utilizador de SAs). Existem, de facto, duas versões do IKE: IKE versão 1 (IKEv1) e IKE versão 2 (IKEv2).

O IKEv1 baseia-se na estrutura do protocolo ISAKMP (Internet Security Association and Key Management Protocol). O ISAKMP, o IKEv1 e a sua utilização com o IPsec são definidos nos RFC 2407, RFC 2408 e RFC 2409 da IETF. O ISAKMP é uma estrutura para negociar, estabelecer e manter SAs. Define os procedimentos e formatos de pacotes para autenticação e gestão de SA. O ISAKMP é, no entanto, distinto dos protocolos de troca de chaves reais, de modo a separar claramente os pormenores da gestão da associação de segurança (e da gestão de chaves) dos pormenores da troca de chaves. O ISAKMP utiliza normalmente o IKEv1 para a troca de chaves, mas pode ser utilizado com outros protocolos de troca de chaves. O IKEv1 foi subsequentemente substituído pelo IKEv2, que é uma evolução do IKEv1/ISAKMP. O IKEv2 é definido num único documento, o IETF RFC 7296. Foram introduzidas melhorias em relação ao IKEv1 em domínios como a redução da complexidade do protocolo, a redução da latência em cenários comuns e o suporte do protocolo de autenticação extensível (EAP) e das extensões de mobilidade (MOBIKE).

O estabelecimento de uma SA utilizando o IKEv1 ou o IKEv2 ocorre em duas fases. (A este nível elevado, o procedimento é semelhante para o IKEv1 e o IKEv2.) Na fase 1, é gerada uma SA IKE que é utilizada para proteger o tráfego de troca de chaves. Além disso, a autenticação mútua das duas partes tem lugar durante a fase 1. Quando é utilizado o IKEv1, a autenticação pode basear-se em segredos partilhados ou em certificados, utilizando uma infraestrutura de chave pública (PKI). O IKEv2 também suporta a utilização do EAP e, por conseguinte, permite a utilização de uma gama mais alargada de credenciais, como os cartões SIM. Na fase 2, é criada outra SA, denominada IPsec SA no

IKEv1 e child SA no IKEv2 (para simplificar, utilizaremos o termo IPsec SA para ambas as versões).

Esta fase é protegida pelo IKE SA estabelecido na fase

1. Os SAs IPsec são utilizados para a proteção IPsec dos dados utilizando ESP ou AH. Após a conclusão da fase 2, as duas partes podem começar a trocar tráfego utilizando EPS ou AH.
2. As normas originais para o NDS/IP no 3GPP permitiam tanto o IKEv1 como o IKEv2, mas em versões posteriores do 3GPP o suporte para o IKEv1 foi removido. É também o IKEv2 que é utilizado na interface entre o UE e o N3IWF.

3.15.5 Mobilidade IKEv2 e multi-homing

No protocolo IKEv2, as SAs IKE e as SAs IPsec são criadas entre os endereços IP que são utilizados quando a SA IKE é estabelecida. No protocolo IKEv2 de base, não é possível alterar estes endereços IP depois de a SA IKE ter sido criada. Existem, no entanto, cenários em que os endereços IP podem ser alterados. Um exemplo é um nó de multi-homing com várias interfaces e endereços IP. O nó pode querer utilizar uma interface diferente no caso de a interface atualmente utilizada deixar subitamente de funcionar. Outro exemplo é um cenário em que uma UE móvel muda o seu ponto de ligação a uma rede e é-lhe atribuído um endereço IP diferente no novo acesso. Neste caso, o UE teria de negociar um novo IKE SA e IPsec SA, o que pode demorar muito tempo e resultar numa interrupção do serviço.

No 5GS, isto pode ocorrer se um utilizador estiver a utilizar o Wi-Fi para se ligar a um N3IWF. A sinalização NAS e o tráfego de utilizador transportado entre o UE e o N3IWF são protegidos utilizando ESP em modo túnel. A SA IPsec para ESP foi configurada utilizando o IKEv2. Se o utilizador se deslocar agora para uma rede diferente (por exemplo, para um hotspot Wi-Fi diferente) e receber um novo endereço IP da nova rede Wi-Fi, não será possível continuar a utilizar a antiga SA IPsec. Terá de ser efectuada uma nova autenticação IKEv2 e o estabelecimento de uma SA IPsec.

O protocolo MOBIKE alarga o IKEv2 com a possibilidade de atualizar dinamicamente o endereço IP das SAs IKE e das SAs IPsec. O MOBIKE é definido no RFC 4555 da IETF.

O MOBIKE é utilizado na interface entre o UE e o N3IWF para suportar cenários em que o UE se desloca entre diferentes acessos não-3GPP não fiáveis.

3.16 Encapsulamento de encaminhamento genérico (GRE)

3.16.1 Introdução

O GRE é um protocolo concebido para efetuar o tunelamento de um protocolo de camada de rede sobre outro protocolo de camada de rede. É genérico no sentido em que permite o encapsulamento de um protocolo de camada de rede arbitrário (por exemplo, IP ou MPLS) sobre outro protocolo de camada de rede arbitrário. Isto é diferente de muitos outros mecanismos de tunelamento, em que um ou ambos os protocolos são específicos, como o IPv4-in-IPv4 (IETF RFC 2003) ou o Generic Packet Tunneling over IPv6 (IETF RFC 2473).

O GRE também é usado para muitas aplicações diferentes e em muitas implantações de rede diferentes fora da área de telecomunicações. Não é intenção deste livro discutir aspectos de todos esses cenários. Em vez disso, concentramo-nos nas propriedades da GRE que são mais relevantes para o 5GS.

3.16.2 Aspectos básicos do protocolo

A operação básica de um protocolo de tunelamento é que um protocolo de rede, que chamamos de protocolo de carga útil, é encapsulado em outro protocolo de entrega. Note-se que o encapsulamento é um componente essencial de qualquer pilha de protocolos em que um protocolo da camada superior é encapsulado num protocolo da camada inferior. Este aspecto do encapsulamento, no entanto, não deve ser considerado como tunelamento. Quando se utiliza o tunelamento, é frequente que um protocolo de camada 3, como o IP, seja encapsulado num protocolo de camada 3 diferente ou noutra instância do mesmo protocolo. A pilha de protocolos resultante pode ser parecida com a mostrada na Fig. 3.29.

Utilizamos a seguinte terminologia:

• Pacote de carga útil e protocolo de carga útil: O pacote e o protocolo que precisam ser encapsulados (as três caixas mais altas na pilha de protocolos na Fig. 3.29).
• Protocolo de encapsulamento (ou túnel): O protocolo utilizado para encapsular o pacote de carga útil, ou seja, GRE (a terceira caixa a contar de baixo na Fig. 3.29).

Application layer
Transport layer (e.g., UDP)
Network layer (e.g., IP)
Tunneling layer (e.g., GRE)
Network layer (e.g., IP)
Layers 1 and 2 (e.g., Ethernet)

Fig. 3.29 Exemplo de pilha de protocolos quando é utilizado o túnel GRE.

• Protocolo de entrega: O protocolo utilizado para entregar o pacote encapsulado ao ponto final do túnel (a segunda caixa a contar de baixo na Fig.

3.29).

O funcionamento básico do GRE é que um pacote do protocolo A (o protocolo de carga útil) que deve ser encapsulado para um destino é primeiro encapsulado num pacote GRE (o protocolo de encapsulamento).

O pacote GRE é então encapsulado noutro protocolo B (o protocolo de entrega) e enviado para o destino através de uma rede de transporte do protocolo de entrega. O recetor descapsula então o pacote e restaura o pacote de carga útil original do tipo de protocolo No 5GS, o GRE é utilizado principalmente para transportar os pacotes (PDUs) entre a UE e a N3IWF.

Aqui, o GRE permite que o valor QFI e o indicador RQI para QoS reflectiva sejam transportados no cabeçalho GRE juntamente com a PDU encapsulada. O QFI e o RQI são incluídos no campo de chave GRE (ver abaixo). A Fig. 3.30 mostra um exemplo de uma PDU transportada num túnel GRE entre a UE e o N3IWF através de um protocolo de entrega IP.

O GRE é especificado na RFC 2784 da IETF. Existem também RFCs adicionais que descrevem a forma como o GRE é utilizado em ambientes específicos ou com protocolos específicos de carga útil e/ou de entrega. Uma extensão da especificação básica do GRE que é de particular importância para o EPS é a extensão do campo GRE Key especificada pela RFC 2890 da IETF. A extensão do campo Chave é descrita mais detalhadamente como parte do formato do pacote abaixo.

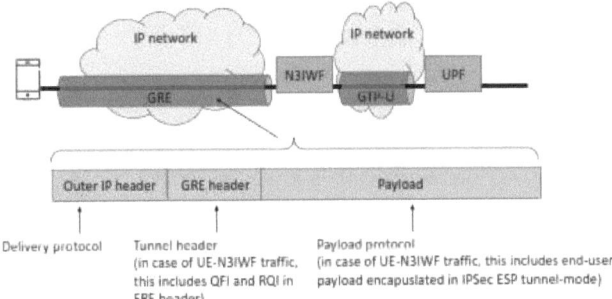

Fig. 3.30 Exemplo de túnel GRE entre dois nós de rede com protocolo de entrega IPv4.

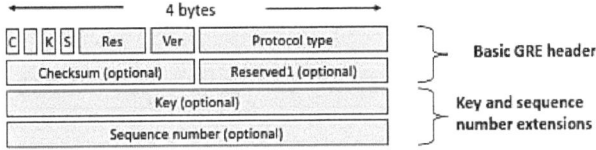

Fig. 3.31 Formato do cabeçalho GRE, incluindo o cabeçalho básico e as extensões de chave e número de sequência.

3.16.3 Formato do pacote GRE

O formato do cabeçalho GRE é ilustrado na Fig. 3.31. O sinalizador C indica se os campos Checksum e Reserved1 estão presentes. Se o sinalizador C estiver definido, os campos Checksum e Reserved1 estão presentes. Neste caso, o Checksum contém uma soma de controlo do cabeçalho GRE, bem como do pacote de carga útil. O campo Reserved1, se presente, é definido para todos os zeros. Se o sinalizador C não estiver definido, os campos Checksum e Reserved1 não estão presentes no cabeçalho.

As bandeiras K e S indicam, respetivamente, se a chave e/ou o número de sequência estão ou não presentes. O campo Tipo de protocolo contém o tipo de protocolo do pacote de carga útil. Isto permite ao ponto final de receção identificar o tipo de protocolo do pacote descapsulado.

O objetivo do campo Key é identificar um fluxo de tráfego individual num túnel GRE. O GRE em si não especifica a forma como os dois pontos terminais estabelecem o(s) campo(s) chave a utilizar. Esta questão é deixada às implementações ou é especificada por outras normas que utilizam o GRE. O campo chave pode, por exemplo, ser configurado estaticamente nos dois pontos terminais ou ser estabelecido dinamicamente utilizando algum protocolo de sinalização entre os pontos terminais. No 5GS, o campo chave é utilizado entre o UE e o N3IWF para transportar o valor QFI e o RQI.

O QFI utiliza 6 bits e o RQI um único bit dos 32 bits disponíveis no campo da chave. Isto é descrito com mais pormenor na TS 24.502 do 3GPP.

O campo Número de sequência é utilizado para manter a sequência dos pacotes dentro do túnel GRE. O nó que efectua o encapsulamento insere o número de sequência e o recetor utiliza-o para determinar a ordem pela qual os pacotes foram enviados.

Respostas à pergunta de dois pontos

1. **Como funciona a seleção do modo de continuidade da sessão e do serviço?**

A política de seleção do modo SSC é utilizada para determinar o tipo de sessão e o modo de continuidade do serviço associado a uma aplicação ou a um grupo de aplicações para a UE. Um operador móvel pode estabelecer as regras de política para a UE para determinar o tipo de modo associado a uma aplicação ou a um grupo de aplicações. Pode haver uma política por defeito que corresponda a todas as aplicações na UE.

2. **Qual é a diferença entre 5G NR e 4G (LTE)?**

O 4G LTE e o LTE-advanced seguem o 3GPP. O 4G funciona abaixo dos 6 GHz, enquanto o 5G NR funciona em várias bandas de frequência: sub-1 GHz, 1 a 6 GHz, acima dos 6 GHz em bandas de ondas mm (28 GHz, 40 GHz, etc.). O 5G suporta débitos de dados mais elevados do que o 4G. O 5G oferece cerca de 10 Gbps, ao passo que o "LTE-a pro" oferece 3 Gbps. A 5G oferece uma latência inferior a 1 ms, enquanto a LTE-ady pro oferece menos de 2 ms.

3. **Explicar a arquitetura da rede 5G NR, os seus elementos e as suas interfaces de rede?**

Existem três elementos na arquitetura 5G NR: UE (equipamento do utilizador), RAN e rede de base. A RAN NG aloja o rádio gNB (Le. estação de base), a unidade de controlo e a unidade de dados. Aqui, AMF significa Access and Mobility Management Function (função de gestão do acesso e da mobilidade) e UPF significa User Plane Function (função do plano do utilizador).

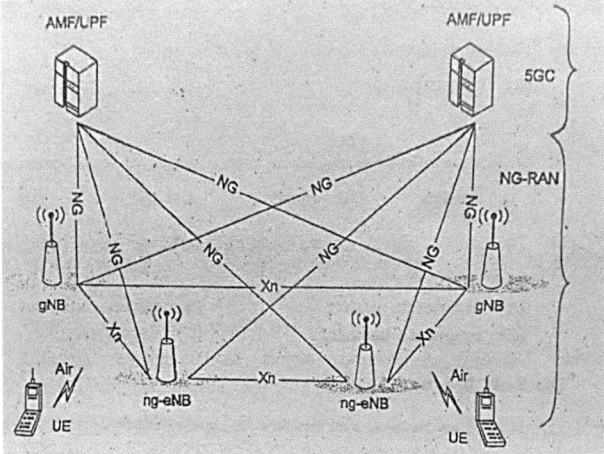

Fig. Arquitetura geral 5G NR

4. **Explicar os cenários ou modos de implantação 5G NR, nomeadamente NSA (Non-Standalone), SA (Standalone), modo homogéneo e modo heterogéneo,**

No modo SA, a UE funciona apenas com o RAT 5G e o RAT LTE não é necessário. A célula 5G é utilizada tanto para o plano C (plano de controlo) como para o plano U (plano de utilizador) para se encarregar da sinalização e da transferência de informações. No modo NSA, a ligação à célula LTE e à célula 5G é obrigatória. Neste modo não autónomo, o LTE é utilizado para as funções de controlo (plano C), por exemplo, originação de chamadas, terminação de chamadas, registo de localização, etc., enquanto o 5G NR se centra apenas no plano U.

5. **Quais são as funções da camada RRC no 5G NR?**

Seguem-se as funções desempenhadas pela camada RRC na pilha de protocolos 5G NR. Difusão de mensagens SI (System Information) para AS (Access Stratum) e NAS (Non-Access Stratum). Tratamento de paging iniciado por SGC (rede central 5G) ou NG-RAN (rede de acesso rádio). Estabelecimento, manutenção e libertação da ligação RRC entre o UE 5G NR e a NG-RAN. Inclui a adição, modificação e libertação de CA (agregação de câmaras) e conetividade dupla em NR ou entre E-UTRA e NR. Funções relacionadas com a segurança, incluindo a gestão de chaves. Estabelecimento, configuração, manutenção e libertação de SRB (Signaling Radio Bearers) e DRB (Data Radio Bearers). Funções de mobilidade, como a transferência de ligação (handover), a transferência de contexto, a seleção/reescolha de células da UE, o controlo da seleção/reescolha de células, a mobilidade inter-RAT, etc. Gestão da QoS. Comunicação de medições da UE, controlo da comunicação Deteção de falhas na ligação rádio e recuperação de falhas na ligação rádio. Transferência de mensagens NAS de/para NAS de/para UB.

6. O que se entende por computação periférica?

A computação de ponta é um paradigma de computação emergente que se refere a uma gama de redes e dispositivos no utilizador ou perto dele. A computação periférica consiste no processamento de dados mais próximo do local onde são gerados, permitindo o processamento a maiores velocidades e volumes, conduzindo a maiores resultados em tempo real.

7. O que é o NAS no sector móvel?

Um dispositivo de armazenamento ligado à rede (NAS) é um dispositivo de armazenamento de dados que se liga e é acedido através de uma rede, em vez de se ligar diretamente a um computador.

8. O que é a computação periférica multiacesso?

A computação de borda multiacesso (MEC) transfere a computação do tráfego e dos serviços de uma nuvem centralizada para a borda da rede e para mais perto do cliente. Em vez de enviar todos os dados para uma nuvem para processamento, a borda da rede analisa, processa e armazena os dados.

9. Quais são os benefícios da MEC no 5G?

- Oferece acesso em tempo real aos dados localmente no ambiente IoT.
- Reduz os custos operacionais, evitando a necessidade de centros de dados dispendiosos.
- Reduz a necessidade de armazenamento de dados na nuvem e guarda consecutivamente os custos de transporte.

- Conserva a largura de banda da rede e reduz o congestionamento da rede.

10. O que é a arquitetura EZE no 5G?

A arquitetura da rede 5G extremo-a-extremo (E2E) é composta por uma rede de acesso via rádio de próxima geração (NG-RAN), computação periférica multiacesso (MEC), núcleo de pacotes virtual evoluído (vEPC), uma rede de dados (DN) e um serviço de computação em nuvem.

UNIDADE IV: GESTÃO DINÂMICA DO ESPECTRO E ONDAS MM

Gestão da mobilidade, comando e controlo, partilha e comércio de espetro, rádio cognitivo baseado em 5G, ondas milimétricas.

UNIDADE IV
GESTÃO DINÂMICA DO ESPECTRO E ONDAS MM

4.1 Introdução

O espetro radioelétrico é um fator primordial para impulsionar o crescimento dos serviços móveis. O êxito da rede 5G baseia-se na disponibilidade sem restrições do espetro. Durante a Conferência Administrativa Mundial das Radiocomunicações (WARC)-92, a Conferência Mundial das Radiocomunicações (WRC)-2000 e a WRC-2007, foram identificados cerca de 1200 MHz de espetro nas bandas de frequências abaixo dos 5 GHz para os serviços IMT. Estas bandas de frequências são 450-470 MHz, 698-960 MHz, 1710-2025 MHz, 2110-2200 MHz, 2300-2400 MHz, 2500-2690 MHz, e 3400-3600 MHz. O espetro identificado não é contíguo e está disperso em diferentes bandas de frequências, de 450 MHz a 3,4 GHz. No entanto, a atribuição efectiva situa-se entre a banda de frequências de 700 MHz e 2,6 GHz. A ironia é que estas bandas de frequências identificadas já foram atribuídas a serviços antigos há muito tempo. Por conseguinte, não existe atualmente qualquer espetro disponível, especialmente abaixo dos 6 GHz, para as comunicações móveis. As opções disponíveis para aumentar a disponibilidade de espetro para as comunicações 5G são a reutilização do espetro, a partilha do espetro e a utilização da tecnologia de rádio cognitiva.

Além disso, este espetro não contíguo de 1200 MHz identificado não consegue aguentar a pressão do elevado crescimento dos dados móveis, da procura de convergência de diferentes variedades de serviços e da velocidade prevista para a rede 5G. A atribuição de um novo espetro radioelétrico é crucial para satisfazer as exigências previstas para as futuras redes 5G. Tal é possível através da exploração de frequências micro-ondas mais elevadas, designadas por bandas milimétricas (ondas mm). Por conseguinte, a banda de frequências mm é a banda óbvia e a mais preferida para a rede 5G. A rede 5G prevê uma combinação de várias células micro, pico e femto integradas numa célula macro. De acordo com a lei física, a cobertura diminui com o aumento da frequência. As ondas milimétricas podem ser divididas em diferentes categorias, a primeira variando entre as bandas de frequência de 20 e 40 GHz para micro sítios e a outra em torno da banda de frequência de 60 GHz para sítios de células pico e femto. Com o aumento do número de dispositivos sem fios, aumenta o número de ligações sem fios e de redes de elevado débito de dados. Isto conduz a dois factores importantes, a procura de espetro e o congestionamento do espetro, que se revelam os dois desafios críticos para o futuro mundo das comunicações sem fios. Simultaneamente, os requisitos dos utilizadores, como a transmissão de dados multimédia de elevado débito com base em aplicações que exigem largura de banda, farão com que as futuras redes sem fios sofram de escassez de espetro.

4.2 Gestão da mobilidade

4.2.1 Introdução

Os princípios gerais da gestão da mobilidade no 5GS são semelhantes aos dos sistemas 3GPP anteriores, mas com algumas diferenças fundamentais. Por conseguinte, nesta secção, começamos por descrever os princípios gerais e, em seguida, centramo-nos nas principais diferenças em relação ao EPS.

Tal como nos sistemas anteriores, a mobilidade é uma caraterística essencial do 5GS. A gestão da mobilidade é necessária para garantir o seguinte:

- Que a rede possa "alcançar" o utilizador, por exemplo, para o notificar de mensagens e chamadas recebidas,

- Que um utilizador possa iniciar uma comunicação com outros utilizadores ou serviços, como o acesso à Internet, e

- Essa conetividade e as sessões em curso podem ser mantidas à medida que o utilizador se desloca, dentro ou entre tecnologias de acesso.

O acima exposto é assegurado pelo estabelecimento e manutenção da conetividade entre a UE e a rede através de procedimentos de gestão da mobilidade.

Além disso, a funcionalidade de gestão da mobilidade permite a identificação da UE, a segurança e serve de transporte genérico de mensagens para outras comunicações entre a UE e o 5GC.

O objetivo do 5GC é atuar como uma rede de base convergente para qualquer tecnologia de acesso, mas também fornecer um suporte flexível para uma vasta gama de novos casos de utilização. Consequentemente, é necessário poder selecionar a funcionalidade necessária em relação à mobilidade, dado que diferentes utilizadores têm diferentes requisitos de mobilidade. Por exemplo, um dispositivo que é utilizado numa máquina numa fábrica não se move normalmente, mas outros dispositivos podem mover-se. Se houver necessidade de localizar e garantir que o dispositivo está acessível, são necessários procedimentos de mobilidade. Além disso, os procedimentos de mobilidade também são utilizados para o registo básico na rede, necessário para ativar os procedimentos de segurança e permitir que a UE comunique com outras entidades, conforme necessário.

No entanto, para certos casos de utilização, como o acesso fixo sem fios, há menos necessidade de fornecer um conjunto completo de procedimentos de mobilidade: nesses casos, os procedimentos que não são essenciais para todos os utilizadores podem ser acrescentados ou removidos como "um serviço relacionado com a mobilidade". Durante o desenvolvimento das especificações do 5GS, esta situação foi designada por "mobilidade a pedido". Enquanto nos sistemas anteriores não era gerada qualquer sinalização de mobilidade para ou pelos UE que não se deslocavam (exceto as actualizações periódicas de registo), o 3GPP desenvolveu o suporte para outros casos de utilização que não exigiam suporte para a mobilidade ou apenas exigiam um suporte limitado para a mobilidade.

C o n s e q u e n t e m e n t e , existem várias funções opcionais relacionadas com a gestão da mobilidade no 5GS que diferem dos sistemas 3GPP anteriores:
• Restrição da área de serviço: a mobilidade com continuidade da sessão é controlada a nível da UE em determinadas áreas.
• Rede local de dados (RLD): a mobilidade com continuidade da sessão é controlada ao nível da sessão PDU, tornando a comunicação disponível em determinadas áreas.
• Apenas ligação iniciada por telemóvel (MICO): a capacidade de chamada de pessoas (como parte d o serviço de mobilidade) é opcional.

Os procedimentos relacionados com a gestão da mobilidade 5G (5GMM) estão divididos em três categorias, consoante o objetivo do procedimento e a forma como podem ser iniciados:
1. Procedimentos comuns; podem sempre ser iniciados quando a UE se encontra no estado CM- CONNECTED.
2. Procedimentos específicos; só pode ser executado um procedimento específico iniciado pela UE para cada um dos tipos de acesso.
3. Procedimentos de gestão da ligação; utilizados para estabelecer uma ligação de sinalização segura entre a UE e a rede, ou para solicitar a reserva de recursos para o envio de dados, ou ambos.

4.3 Estabelecer a conetividade

4.3.1 Descoberta e seleção de redes

Os procedimentos de descoberta e seleção da rede para o 5GS não diferem muito do EPS e os princípios utilizados quando é selecionado um tipo de acesso 3GPP foram mantidos. Antes de poder receber e utilizar os serviços e capacidades do 5GS, por exemplo, os serviços de gestão de sessão do SMF, a UE precisa de estabelecer uma ligação ao 5GS. Para tal, a UE começa por selecionar uma rede/PLMN e uma 5G-AN. Para o acesso 3GPP
ou seja, a NG-RAN, a UE selecciona uma célula e estabelece uma ligação RRC com a NG-RAN. Com base no conteúdo (por exemplo, PLMN selecionado, informação sobre a fatia de rede) fornecido pela UE ao estabelecer a ligação RRC, a NG-RAN selecciona uma AMF e reencaminha a mensagem NAS MM da UE para a AMF no 5GC utilizando o ponto de referência N2. Utilizando a ligação AN (ou seja, a ligação RRC) e o N2, o UE e o 5GS concluem o procedimento de Registo. Uma vez concluído o procedimento de registo, o UE está registado no 5GC, ou seja, o UE é conhecido e o UE tem uma ligação NAS MM à AMF, o ponto de entrada do UE no 5GC, que é utilizado como ligação NAS ao 5GC. As comunicações posteriores entre a UE e outras entidades no 5GC utilizam a ligação NAS estabelecida como transporte NAS a partir desse ponto. Para poupar recursos, a ligação NAS é libertada enquanto a UE ainda está registada e é conhecida no 5GC, ou seja, para restabelecer a ligação NAS a UE ou o 5GC inicia um procedimento de pedido de serviço. Mensagens NAS utilizadas e para uma descrição mais pormenorizada da utilização do transporte NAS para a comunicação entre a UE e as várias entidades do 5GC.

Quadro 7.1 Resumo da funcionalidade de gestão da mobilidade

Type	Procedure	Purpose
5GMM common procedures	Primary authentication and key agreement procedure	Enables mutual authentication between UE and 5GC and provides key establishment in UE and 5GC in subsequent security procedures.
	Security mode control procedure	Initiates 5G NAS security contexts i.e. initializes and starts the NAS signaling security between the UE and the AMF with the corresponding 5G NAS keys and 5G NAS security algorithms.
	Identification procedure	Requests a UE to provide specific identification parameters to the 5GC.
	Generic UE configuration update procedure	Allows the AMF to update the UE configuration for access and mobility management-related parameters.
	NAS transport procedures	Provides a transport of payload between the UE and the AMF.
	5GMM status procedure	Report at any time certain error conditions detected upon receipt of 5GMM protocol data in the AMF or in the UE.
5GMM specific procedures	Registration procedure	Used for Initial Registration, Mobility Registration Update or Periodic Registration Update from UE to the AMF.
	Deregistration procedure	Used to Deregister the UE for 5GS services.
	eCall inactivity procedure	Applicable in 3GPP access for a UE conFigured for eCall only mode.

5GMM connection management procedures	Service request procedure	To change the CM state from CM-IDLE to CM-CONNECTED state, and/or to request the establishment of User Plane resources for PDU Sessions which are established without User Plane resources.
	Paging procedure	Used by the 5GC to request the establishment of a NAS signaling connection to the UE, and to request the UE to re-establish the User Plane for PDU Sessions. Performed as part of the Network Triggered Service Request procedure.
	Notification procedure	Used by the 5GC to request the UE to re-establish the User Plane resources of PDU Session(s) or to deliver NAS signaling messages associated with non-3GPP access.

Para as 5G-AN de tipo de acesso não fiável não-3GPP, os princípios são semelhantes, mas também está envolvida uma N3IWF. Nestes casos, a UE começa por estabelecer uma ligação local a uma rede de acesso não-3GPP (por exemplo, a um ponto de acesso Wi-Fi) e, em seguida, é estabelecido um túnel seguro entre a UE e a N3IWF (NWu) como uma ligação AN. Utilizando o túnel, a UE inicia um procedimento de registo para o AMF através do N3IWF.

4.3.2 Registo e mobilidade

A gestão da mobilidade em modo inativo para 5GS utilizando NR e E-UTRA baseia-se em conceitos semelhantes aos de LTE/E-UTRAN (EPS), GSM/WCDMA e CDMA. As redes de rádio são construídas por células que variam em tamanho de dezenas e centenas de metros a dezenas de quilómetros e o UE actualiza regularmente a rede sobre a sua localização. Não é prático manter o registo de um UE em modo inativo sempre que se desloca entre diferentes células, devido à quantidade de sinalização que isso causaria, nem procurar um UE em toda a rede para cada evento de terminação (por exemplo, uma chamada recebida). Por conseguinte, para criar eficiências, as células são agrupadas em Áreas de Rastreio (TA) e uma ou mais Áreas de Rastreio podem ser atribuídas ao UE como Área de Registo (RA). A RA é utilizada como base para a rede procurar o UE e para este comunicar a sua localização.

O gNB/ng-eNB difunde a identidade da AT em cada célula e a UE compara esta informação com a(s) AT que armazenou previamente como parte da AR atribuída. Se a área de rastreio difundida não fizer parte da AR atribuída, a UE inicia um procedimento - denominado procedimento de registo - em direção à rede para a informar de que se encontra agora numa localização diferente. Por exemplo, quando uma UE a quem foi previamente atribuída uma RA com TAs1 e 2 se desloca para uma célula que está a difundir a TA 3, a UE notará que a informação difundida inclui uma TA diferente das que tinha previamente armazenado como parte da RA. Esta diferença faz com que a UE execute um procedimento de atualização do registo para a rede. Neste procedimento, a UE informa a rede sobre a nova TA que introduziu. Como parte do procedimento de atualização do registo, a rede atribui à UE um novo RA que a UE armazena e utiliza enquanto continua a deslocar-se.

Como já foi referido, os RAs são constituídos por uma lista de uma ou mais das chamadas TAs. Para distribuir a sinalização de atualização do registo, o conceito de listas de AT foi introduzido no EPS e é também adotado pelo 5GS. O conceito permite que uma UE pertença a uma lista de diferentes AT. Diferentes UE podem ser afectados a diferentes listas de AT. Se o UE se deslocar dentro da sua lista de AT atribuídos, não tem de efetuar uma atualização do registo para efeitos de mobilidade (ou seja, utilizando um tipo de registo definido como atualização do registo de mobilidade). Ao atribuir diferentes listas de AT a diferentes UE, o operador pode dar às UE diferentes fronteiras de AR, reduzindo assim os picos de sinalização de atualização do registo, por exemplo, quando um comboio passa por uma fronteira de AT.

Para além das actualizações de registo efectuadas ao passar uma fronteira para um AT onde a UE não está registada, existem também actualizações periódicas de registo. Quando a UE está em estado inativo, efectua periodicamente actualizações de registo com base num temporizador, mesmo que ainda esteja dentro da AR. Estas actualizações são utilizadas para libertar recursos na rede para as UEs que estão fora de cobertura ou que foram desligadas sem informar a rede.

A rede sabe assim que uma UE em estado de inatividade está localizada num dos AT incluídos na AR. Quando um UE se encontra em estado inativo e a rede necessita de o contactar (por exemplo, para enviar tráfego de ligação descendente), a rede envia uma mensagem ao UE no RA. O tamanho das listas de AT/AT é um compromisso entre o número de actualizações de registo e a carga de paginação no sistema.

Quanto mais pequenas forem as AT, menor será o número de células necessárias para paginar as UE, mas, por outro lado, as actualizações de registo serão mais frequentes. Quanto maiores forem os AT, maior será a carga de paginação nas células, mas haverá menos sinalização para actualizações de registo devido à mobilidade dos UE. O conceito de listas de TA também pode ser utilizado para reduzir a frequência das actualizações de registo devido à mobilidade. Se, por exemplo, for possível prever o movimento das UE, as listas podem ser adaptadas a cada UE para garantir que passam menos fronteiras, e às UE que recebem muitas mensagens de paging podem ser atribuídas listas de AT mais pequenas, enquanto que às UE que recebem poucas mensagens de paging podem ser atribuídas listas de AT maiores. Um resumo do conceito de Área de Registo e dos procedimentos de atualização da mobilidade para os vários sistemas 3GPP é apresentado no Quadro 7.2.

Um resumo do procedimento de mobilidade em inatividade no 5GS é o seguinte:

- Uma AT é constituída por um conjunto de células,
- A área de registo no 5GS é uma lista de uma ou mais áreas de rastreio (lista TA),
- A UE efectua a atualização do registo devido à mobilidade quando se desloca para fora da sua área de registo, ou seja, da lista de AT,
- A UE em estado inativo também efectua uma atualização periódica do registo quando o temporizador de atualização periódica do registo expira.

Quadro 7.2 Representação da área de registo para o domínio PS dos acessos rádio 3GPP

Generic concept	5GS	EPS	GSM/WCDMA GPRS
Registration Area	List of Tracking Areas (TA list)	List of Tracking Areas (TA list)	Routing Area (RA)
Registration Area update procedure	Registration procedure	TA Update procedure	RA Update procedure

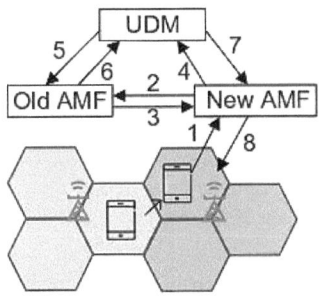

Fig. 4.1 Procedimento de atualização do registo de mobilidade.

A Fig. 4.1 apresenta um esboço de alto nível do procedimento de atualização do registo devido à mobilidade (ou seja, com o tipo de registo definido como Mobility Registration Update - MRU) e contém as seguintes etapas

1. Quando a UE volta a selecionar uma nova célula e se apercebe de que o ID do AT difundido não consta da lista de AT da RA, a UE inicia um procedimento

MRU para a rede e a NG-RAN encaminha o MRU para um AMF que serve a nova área.

2. Após a receção da mensagem MRU da UE, a AMF verifica se está disponível um contexto para essa UE em particular; se não estiver, a AMF verifica a identidade temporária da UE (5G-GUTI) para determinar qual a AMF que mantém o contexto da UE. Uma vez determinado este facto, a AMF pede o contexto da UE à antiga AMF.

3. A antiga AMF transfere o contexto UE para a nova AMF.

4. Uma vez que a nova AMF tenha recebido o antigo contexto UE, informa o UDM de que o contexto UE passou para uma nova AMF, registando-se no UDM, subscrevendo a notificação quando o UDM cancelar o registo da AMF e também para obter do UDM os dados do assinante para a UE.

5-6. O UDM anula o registo do contexto UE (para o tipo de acesso 3GPP) no antigo AMF.

7. O UDM reconhece o novo AMF e insere os novos dados do assinante no novo AMF.

8. O novo AMF informa a UE de que a MRU foi bem sucedida e o AMF fornece uma nova 5G-GUTI (em que o GUAMI aponta para o AMF).

O procedimento de registo é também utilizado para comunicar informações entre a UE e o 5GC, que é tratado pelo AMF. Por exemplo, o procedimento de registo é utilizado pela UE para fornecer as capacidades da UE, ou as definições da UE, como o modo MICO, e para obter informações LADN. Consequentemente, se houver alterações a essas informações, por exemplo, as capacidades da UE, a UE inicia um procedimento de registo (com o tipo de registo definido como Mobility Registration Update - MRU).

4.4 Acessibilidade
4.4.1 Paging
O paging é utilizado para procurar UEs inactivos e estabelecer uma ligação de sinalização. O paging é, por exemplo, acionado por pacotes de ligação descendente que chegam à UPF. Quando a UPF recebe um pacote de ligação descendente destinado a uma UE inativa, não dispõe de um endereço de túnel do plano de utilizador NG-RAN para o qual possa enviar o pacote. Em vez disso,

a UPF coloca o pacote em buffer e informa a SMF de que chegou um pacote de ligação descendente. A SMF pede à AMF para configurar os recursos do plano de utilizador para a sessão PDU, e a AMF sabe em que RA a UE está localizada e envia um pedido de paginação à NG-RAN dentro da RA. A NG-RAN calcula o momento em que a UE deve ser paginada utilizando partes do 5G-S-TMSI (10 bits) da UE como entrada e, em seguida, a NG-RAN pagina a UE. Após a receção da mensagem de paginação, a UE responde ao AMF e os recursos do plano do utilizador são activados para que o pacote de ligação descendente possa ser encaminhado para a UE.

4.4.2 Modo Apenas ligação iniciada por telemóvel (MICO)

O modo MICO (Mobile Initiated Connection Only) foi introduzido para permitir que os recursos de paginação sejam poupados para as UEs que não precisam de estar disponíveis para a comunicação de terminação móvel. Quando a UE está no modo MICO, a AMF considera a UE como inacessível quando a UE está no estado CM-IDLE. A utilização do modo MICO não é adequada para todos os tipos de UE e, por exemplo, uma UE que inicie um serviço de emergência não deve indicar a preferência MICO durante o procedimento de registo.

O modo MICO é negociado (e renegociado) durante os procedimentos de registo, ou seja, a UE pode indicar a sua preferência pelo modo MICO e o AMF decide se o modo MICO pode ser ativado tendo em conta a preferência da UE, bem como outras informações, como a assinatura do utilizador e as políticas de rede. Quando o AMF indica o modo MICO a uma UE, o RA não é limitado pelo tamanho da área de paginação. Se a área de serviço do AMF for toda a PLMN, o AMF pode fornecer um RA "toda a PLMN" à UE.

Nesse caso, o novo registo no mesmo PLMN devido à mobilidade não se aplica.

4.4.3 Acessibilidade e localização da UE

O 5GS também suporta serviços de localização de forma semelhante ao EPS (ver capítulo 3), mas o 5GS também oferece a possibilidade de qualquer NF autorizada (por exemplo, SMF, PCF ou NEF) no 5GC subscrever a comunicação de eventos relacionados com a mobilidade do UE.

A NF que subscreve um evento relacionado com a mobilidade da UE pode fazê-lo fornecendo as seguintes informações à AMF:

- Se a localização da UE ou a mobilidade da UE em relação a uma área de interesse deve ser comunicada

- Caso seja solicitada uma área de interesse, a NF especifica a área como:
  - Lista de áreas de seguimento, lista de células ou lista de nós NG-RAN.
  - Se a NF pretender obter uma zona RLD, a NF (por exemplo, SMF) fornece a DNN RLD para indicar a zona de serviço RLD como zona de interesse.
  - Se for solicitada uma área de notificação de presença como área de interesse, o FN (por exemplo, SMF ou PCF) pode fornecer um identificador para se referir a uma área predefinida configurada no AMF.

- Informações sobre a comunicação de eventos: modo de comunicação de eventos (por exemplo, comunicação periódica), número de comunicações, duração máxima da comunicação, condição de comunicação de eventos (por exemplo, quando o UE visado se deslocou para uma determinada área de interesse).

- O endereço de notificação, ou seja, o endereço da NF que o AMF deve fornecer as notificações, que pode ser outra NF que não a NF que subscreve o evento

- O objetivo da comunicação de eventos que indica uma UE específica, um grupo de UE(s) ou qualquer UE (ou seja, todas as UEs).

Dependendo das informações que a NF subscreve, a AMF pode ter de utilizar a NG-RAN para obter informações exactas sobre a localização. Nesses casos, a AMF mantém um registo dos eventos relacionados com a mobilidade subscritos por cada NF em relação a uma UE ou grupo de UEs. A AMF utiliza então os relatórios de localização NG-RAN para obter informações de localização. A comunicação de localização NG-RAN permite a identificação a nível da célula, mas é necessário que a UE seja mantida nos estados CM-CONNECTED e RRC-CONNECTED (por exemplo, se a UE estiver em RRC Inactive, a NG-RAN pode comunicar a localização como "unknown"). Normalmente, a precisão ao nível da célula é necessária, por exemplo, para os serviços de emergência e a interceção legal, mas também pode ser utilizada através do AMF, se solicitado pelos FN no 5GC. Quando é solicitada a presença do UE numa área de interesse, o AMF fornece uma ou mais áreas (até 64) à NG-RAN sob a forma de uma lista de TAs, uma lista de identidades de células ou uma lista de identidades de nós NG-RAN.

4.5 Conceitos adicionais relacionados com a MM

4.5.1 RRC Inativo

A Rel-15 inclui suporte para uma comunicação eficiente com sinalização mínima, utilizando um conceito denominado RRC Inativo que afecta o UE, a NG-RAN e o 5GC. O RRC Inativo é um estado em que uma UE permanece no estado CM-CONNECTED (ou seja, ao nível NAS) e pode mover-se dentro de uma área configurada pela NG-RAN (a Área de Notificação RAN - RNA) sem notificar a rede. A RNA é um subconjunto da RA atribuído pelo AMF.

Quando a UE se encontra no estado RRC Inativo, aplica-se o seguinte:

- A acessibilidade da UE é gerida pelo NG-RAN, com informações de assistência do 5GC;
- A paginação UE é gerida pela NG-RAN;
- A UE monitoriza a chamada de pessoas com parte do 5GC (5G S-TMSI) da UE e do identificador NG-RAN.

No RRC Inativo, o último nó NG-RAN de serviço mantém o contexto da UE e as ligações NG associadas à UE (N2 e N3) com a AMF e a UPF de serviço. Por conseguinte, não é necessário que o UE sinalize para o 5GC antes de enviar os dados do plano do utilizador.

A NG-RAN controla o momento em que o UE é colocado no estado inativo RRC para poupar recursos RRC e o 5GC fornece à NG-RAN informações de assistência ao estado inativo RRC para que a NG-RAN possa avaliar melhor se deve utilizar o estado inativo RRC. As informações de assistência RRC inativa são, por exemplo, valores DRX específicos da UE, o RA fornecido à UE, o temporizador de atualização periódica do registo, se o modo MICO estiver ativado para a UE, e o valor do índice de identidade da UE (ou seja, 10 bits do 5G-S-TMSI da UE), permitindo à NG-RAN calcular as ocasiões de paginação NG-RAN da UE. As informações são fornecidas pela AMF durante a ativação N2 e a AMF fornece informações actualizadas, por exemplo, se a AMF atribuir um novo RA à UE.

Na Fig. 7.2, foi atribuída à UE uma AR e, dentro desta, uma área de notificação de RAN (células cinzentas escuras). A UE é livre de se deslocar dentro da RNA (células cinzentas escuras) sem notificar a rede, enquanto que se a UE se deslocar para fora da RNA enquanto ainda se encontra na RA (por exemplo, como mostrado numa célula cinzenta escura diferente), a UE efectua uma atualização da RNA para permitir que a NG-RAN actualize o contexto da UE e as ligações associadas à UE. Se a UE se deslocar para fora da RA (células cinzentas claras), a UE também tem de notificar o 5GC através de um procedimento de registo com o tipo de registo definido como Mobility

Registration Update (Atualização do registo de mobilidade).

Apesar de o estado inativo da RRC se situar num estado CM-CONNECTED, a UE executa muitas acções semelhantes às do estado inativo da RRC, ou seja, a UE faz:

- Seleção PLMN;
- Seleção e re-seleção de células;
- Registo da localização e atualização da RNA.

Os procedimentos de seleção de PLMN, seleção e reselecção de células, bem como o registo de localização, são efectuados tanto no estado de RRC Inativo como no estado de RRC Inativo. No entanto, a atualização da RNA só é aplicável no estado de inatividade da RRC e, quando a UE selecciona um novo PLMN, passa do estado de inatividade da RRC para o estado de inatividade da RRC.

Quando o UE está no estado RRC Connected, a AMF é informada das células a que o UE está ligado, mas quando o UE está no estado RRC Inactive, a AMF não sabe a que célula o UE está ligado e se o UE está no estado RRC Connected ou RRC Inactive. No entanto, a AMF pode pedir para ser notificada das transições do UE entre os estados RRC Connected e RRC Inactive (ambos são estados CM-CONNECTED), utilizando um procedimento de notificação N2 (denominado RRC Inactive Transition Report Request). Se o AMF tiver pedido para ser continuamente notificado sobre as transições de estado, a NG-RAN continua a notificação até que o UE transite para CM-IDLE ou o AMF envie uma indicação de cancelamento. O AMF pode também subscrever a informação sobre a localização da UE.

Se a UE retomar a ligação RRC num nó NG-RAN diferente dentro da mesma PLMN ou de uma PLMN equivalente, o contexto AS da UE é recuperado do último nó NG-RAN de serviço e é desencadeado um procedimento para o 5GC para atualizar o plano do utilizador (ligações N3).

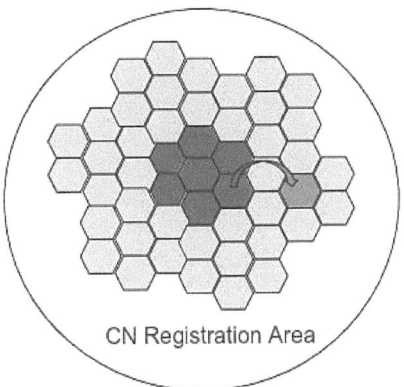

Fig. 4.2 Relação entre a área de registo e a RNA.

4.6 Gestão N2

Na EPS, quando um UE se liga ao EPC e lhe é atribuída uma 4G-GUTI, esta é associada a um MME específico e, se for necessário deslocar o UE para outro MME, este tem de ser atualizado com uma nova 4G-GUTI. Isto pode ser um inconveniente, por exemplo, se o UE estiver a utilizar algum mecanismo de poupança de energia ou se um grande número de UE tiver de ser atualizado ao mesmo tempo. Com o 5GS e o N2, é possível transferir uma ou várias UE para outra AMF sem que seja necessário atualizar imediatamente a UE com uma nova 5G-GUTI. A 5G-AN e a AMF estão ligadas através de uma camada de rede de transporte que é utilizada para transportar a sinalização das mensagens NGAP entre elas. O protocolo de transporte utilizado é o SCTP. Os pontos de extremidade SCTP na 5G-AN e no AMF estabelecem associações SCTP entre si, identificadas pelos endereços de transporte utilizados. Uma associação SCTP é genericamente designada por Associação da Camada de Rede de Transporte (TNLA).

O ponto de referência N2 (também designado NG nas especificações RAN3, por exemplo, 3GPP TS 38.413) entre a 5G-AN e o 5GC (AMF) suporta diferentes implantações dos AMF, por exemplo

(1) uma instância AMF NF que utiliza técnicas de virtualização que lhe permitem fornecer os serviços para a 5G-AN de forma distribuída, redundante, sem estado e escalável e que pode fornecer os serviços a partir de vários locais, ou
(2) um conjunto AMF que utiliza múltiplas instâncias de AMF NF dentro do conjunto AMF e as múltiplas funções de rede AMF são utilizadas para permitir

as características distribuídas, redundantes, sem estado e escaláveis.

Normalmente, a primeira opção de implantação exigiria operações em N2 como adicionar e remover TNLA, bem como liberar TNLA e religar a associação NGAP UE a um novo TNLA para o mesmo AMF. A segunda opção, entretanto, exigiria o mesmo, mas, além disso, requer operações para adicionar e remover AMFs e para religar associações NGAP UE a novos AMFs dentro do conjunto AMF.

O ponto de referência N2 suporta uma forma de configuração auto-automatizada. Durante este tipo de configuração, os nós 5G-AN e os AMFs trocam informações NGAP sobre o que cada lado suporta, por exemplo, o 5G-AN indica os TAs suportados, enquanto o AMF indica os IDs PLMN suportados e os GUAMIs servidos. O intercâmbio é efectuado pelo procedimento NG SETUP e, se forem necessárias actualizações, pelo procedimento RAN ou AMF CONFIGURATION UPDATE. O procedimento AMF CONFIGURATION UPDATE pode também ser utilizado para gerir as associações TNL utilizadas pela 5G-AN. Estas mensagens são exemplos de mensagens N2 não associadas à UE, uma vez que dizem respeito a toda a instância da interface NG entre o nó 5G-AN e o AMF, utilizando uma ligação de sinalização não associada à UE.

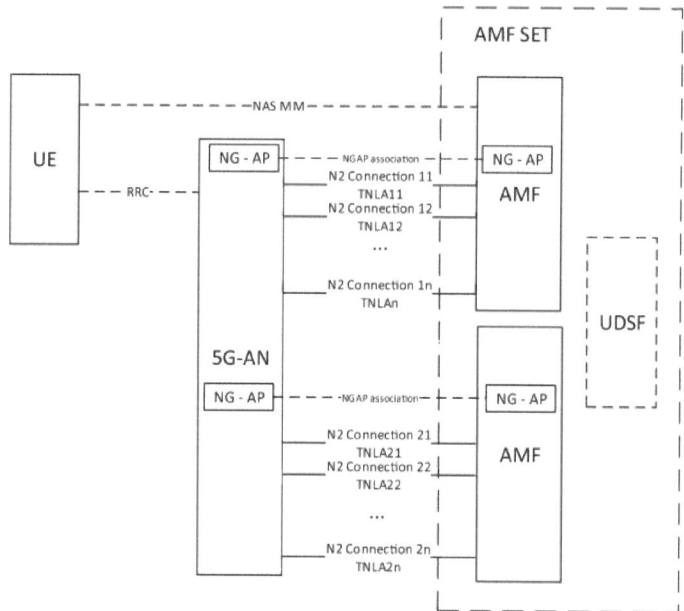

Fig. 4.3 Ponto de referência N2 com TNLA como transporte.

4.6.1 Gestão do FMA

O 5GC, incluindo o N2, suporta a possibilidade de adicionar e remover AMFs dos conjuntos de AMFs. No âmbito do 5GC, a NRF é actualizada (e o sistema DNS para o interfuncionamento com o EPS) com novas NFs quando estas são adicionadas, e o perfil NF da AMF inclui os GUAMIs que a AMF trata. Para um GUAMI pode também haver um ou mais AMF de reserva registados na NRF (por exemplo, para serem utilizados em caso de falha ou remoção planeada de um AMF).

Uma remoção planeada de uma AMF pode ser feita através da AMF armazenando os contextos das UEs registadas numa UDSF (Unstructured Data Storage Function), ou com a AMF desregistando-se da NRF, caso em que a AMF notifica a 5G-AN que a AMF estará indisponível para processar transacções para o(s) GUAMI(s) configurado(s) nesta AMF. Além disso, o AMF pode inicialmente diminuir a carga alterando o fator de peso para o AMF em direção à 5G-AN, por exemplo, definindo-o para zero, fazendo com que a 5G-AN seleccione outros AMFs dentro do conjunto de AMFs para novos UEs que entram na área.

4.6.2 Assistência 5GC para optimizações RAN

Dado que as informações sobre o contexto da UE não são mantidas na NG-RAN quando a UE transita para o estado RRC-IDLE, pode ser difícil para a NG-RAN otimizar a lógica relacionada com a UE, dado que o comportamento específico da UE é desconhecido, a menos que a UE tenha estado no estado RRC-CONNECTED durante algum tempo. Existem meios específicos da NG-RAN para obter essas informações sobre a UE, por exemplo, as informações sobre o historial da UE podem ser transferidas entre nós da NG-RAN. Para facilitar ainda mais uma decisão optimizada na NG-RAN, por exemplo, para a transição do estado RRC do UE, a decisão de transição do estado CM e a estratégia optimizada da NG-RAN para o estado RRC-INACTIVE, o AMF pode fornecer informações de assistência 5GC à NG-RAN.

O 5GC tem um método melhor para armazenar informações relacionadas com os UE durante mais tempo e um meio de obter informações de entidades externas através de interfaces externas. Quando calculado pelo 5GC (AMF), os algoritmos utilizados e os critérios conexos, bem como a decisão sobre o momento em que é considerado adequado e estável para enviar para o NG-RAN, são específicos do fornecedor.

Por conseguinte, juntamente com as informações de assistência enviadas ao NG-RAN, estas são frequentemente acompanhadas de informações derivadas de estatísticas ou obtidas através de informações de subscrição (por exemplo, definidas por acordos ou através de uma API).

As informações relativas à assistência 5GC estão divididas em 3 partes:

- Afinação dos parâmetros da RAN assistida pela rede de base;
- Informações de paginação da RAN assistida pela rede de base;
- Informações sobre a Assistência Inativa do RRC.

A afinação dos parâmetros da RAN assistida pela rede de base proporciona à NG-RAN uma forma de compreender o comportamento do UE, de modo a otimizar a lógica da NG-RAN, por exemplo, quanto tempo manter o UE em estados específicos.

4.6.3 Área de serviço e restrições de mobilidade

As restrições de mobilidade permitem que a rede, principalmente através de assinaturas, controle a gestão da mobilidade do UE, bem como a forma como este acede à rede. Uma lógica semelhante à utilizada no EPS é aplicada no 5GS, mas também com algumas novas funcionalidades.

O 5GS suporta o seguinte:

- Restrição RAT:

Define a(s) tecnologia(s) de acesso via rádio 3GPP a que uma UE não está autorizada a aceder numa PLMN e pode ser fornecida pelo 5GC à NG-RAN como parte das restrições de mobilidade. A restrição RAT é imposta pela NG-RAN na mobilidade em modo ligado.

- Área Proibida:

Uma zona proibida é uma zona em que a UE não está autorizada a iniciar qualquer comunicação com a rede para o PLMN.

- Restrição do tipo de rede principal:

Define se a UE está autorizada a aceder ao 5GC, ao EPC ou a ambos para o PLMN.

- Restrição da área de serviço:

Define as áreas que controlam se a UE está autorizada a iniciar comunicações para os serviços a seguir indicados:

• Área permitida: Numa área permitida, o UE está autorizado a iniciar a comunicação com a rede conforme permitido pela subscrição.

• Área não permitida: Numa área não permitida, uma UE está "restrita à área de serviço", o que significa que nem a UE nem a rede estão autorizadas a iniciar a sinalização para obter serviços de utilizador (tanto no estado CM-IDLE como no estado CM-CONNECTED).

A UE efectua a sinalização relacionada com a mobilidade como habitualmente, por exemplo, actualizações do registo de mobilidade quando sai da RA. O UE numa área não permitida responde às mensagens iniciadas pelo 5GC, o que permite informar o UE de que, por exemplo, a área é agora permitida.

As restrições de tipo RAT, Área Proibida e Rede Principal funcionam de forma semelhante à do EPS, mas a Restrição de Área de Serviço é um novo conceito. Tal como referido anteriormente, foi desenvolvido para suportar melhor os casos de utilização que não exigem um suporte de mobilidade total.

4.7 Método de Comando e Controlo

O método convencional de atribuição do espetro é conhecido como "Método de Comando e Controlo", apresentado na Figura 4.1. Há alguns países que seguem esta técnica de atribuição do espetro. Neste método, o espetro de radiofrequências é dividido em diferentes bandas de espetro que são autorizadas a serviços de radiocomunicações específicos, como os serviços por satélite, móveis e de radiodifusão, numa base exclusiva.

Este método garante que o espetro de radiofrequências será exclusivamente licenciado a um utilizador autorizado e que este poderá utilizar o espetro sem qualquer interferência.

Este método de atribuição de espetro não é eficiente porque:

- O espetro atribuído a um determinado serviço de radiocomunicações não pode ser substituído por outros serviços, mesmo que se verifique que o espetro está subutilizado.
- Não há possibilidade de questionar o utilizador quando o espetro lhe é atribuído (durante o período de licenciamento) de acordo com as normas, desde que cumpra os termos e condições.

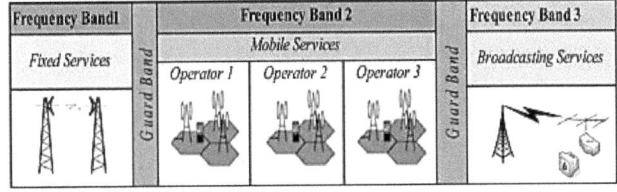

Figura 4.4 Método de comando e controlo

- Este método não permite que o espetro seja utilizado de forma eficiente nas zonas rurais, uma vez que a utilização do espetro é elevada nas regiões urbanas e subutilizada nas zonas rurais.

É triste ver que o espetro é subutilizado e não está acessível a todos. É difícil para alguns países fornecerem serviços 4G. É necessário tomar medidas sérias para lidar com as questões do espetro, implementando tecnologias sofisticadas para o desenvolvimento da nação. Nestes casos, técnicas como o comércio do espetro seriam uma solução bem sucedida. Isto só conduzirá ao desenvolvimento de comunicações 5G neste tipo de países.

4.7.1 O que é um ataque de comando e controlo?

Os ataques maliciosos à rede têm vindo a aumentar na última década. Um dos ataques mais prejudiciais, frequentemente executado através do DNS, é realizado através de comando e controlo, também designado por C2 ou C&C. O comando e controlo é definido como uma técnica utilizada por agentes de ameaças para comunicar com dispositivos comprometidos através de uma rede.

O C2 envolve normalmente um ou mais canais secretos, mas dependendo do ataque, os mecanismos específicos podem variar muito. Os atacantes utilizam estes canais de comunicação para fornecer instruções ao dispositivo comprometido para descarregar malware adicional, criar botnets ou exfiltrar dados.

De acordo com a estrutura MITRE ATT&CK, existem mais de 16 tácticas de comando e controlo diferentes utilizadas pelos adversários, incluindo numerosas subtécnicas:

1. Protocolo da camada de aplicação
2. Comunicação através de suportes amovíveis
3. Codificação de dados
4. Ofuscação de dados
5. Resolução dinâmica
6. Canal encriptado
7. Canais de recurso
8. Transferência de ferramentas de entrada
9. Canais de várias fases
10. Protocolo da camada não-aplicacional
11. Porta não padrão
12. Tunelamento de protocolos
13. Proxy
14. Software de acesso remoto
15. Sinalização de tráfego

16. Serviço Web
4.7.2 Como funciona um ataque de comando e controlo
O atacante começa por estabelecer um ponto de apoio para infetar a máquina alvo, que pode estar atrás de uma Firewall de Nova Geração. Isto pode ser feito de várias formas:

- Através de um e-mail de phishing que:
  o Engana o utilizador para que siga uma ligação para um sítio Web malicioso ou
  o abrir um anexo que executa código malicioso.
- Através de falhas de segurança nos plugins do browser.
- Através de outro software infetado.

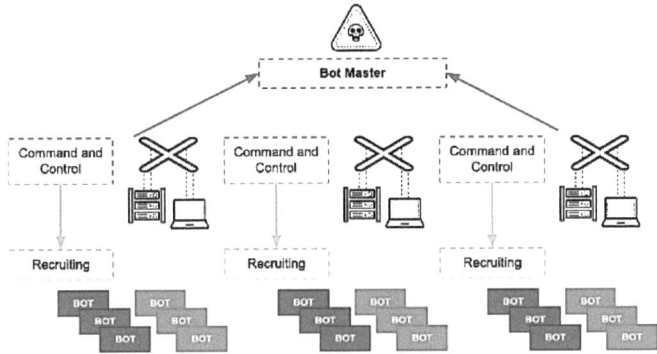

Fig. 4.5 Trabalhos de ataque de comando e controlo

Uma vez estabelecida a comunicação, a máquina infetada envia um sinal para o servidor do atacante à procura da sua próxima instrução. O anfitrião comprometido executa os comandos do servidor C2 do atacante e pode instalar software adicional. Muitos atacantes tentam misturar o tráfego C2 com outros tipos de tráfego legítimo, como HTTP/HTTPS ou DNS. O objetivo é evitar ser detectado.

O atacante tem agora o controlo total do computador da vítima e pode executar qualquer código. Normalmente, o código malicioso propaga-se a mais computadores, criando uma botnet - uma rede de dispositivos infectados. Desta forma, um atacante pode obter o controlo total da rede de uma empresa.

O comando e o controlo é uma das últimas fases da cadeia de destruição (cunhada pela Lockheed Martin). Ocorre imediatamente antes de os agentes da ameaça concluírem os seus objectivos. Isto significa que o atacante já contornou outras ferramentas de segurança que possam ter sido implementadas. Assim, é fundamental que os profissionais de segurança descubram e previnam rapidamente a C2.

4.7.3 Tipos de técnicas de comando e controlo

Existem três modelos diferentes de ataques C2C. Estes modelos ditam a forma como a máquina infetada comunicará com o servidor de comando e controlo. Cada um deles foi concebido para evitar ser descoberto da forma mais eficaz possível.

1. **Arquitetura centralizada**

Este é provavelmente o modelo mais comum, muito semelhante a uma arquitetura de transação cliente-servidor. Quando um novo computador é infetado por um bot, este junta-se à rede de bots iniciando uma ligação ao servidor C&C. Uma vez ligado ao canal, o bot espera no servidor C&C por comandos do botmaster. Os atacantes utilizam frequentemente serviços de alojamento predominantes para os servidores C2c.

Este modelo pode ser fácil de detetar e bloquear, uma vez que os comandos têm origem numa única fonte. Por conseguinte, o IP pode ser rapidamente detectado e bloqueado. No entanto, alguns cibercriminosos adaptaram a sua abordagem empregando equilíbrios de carga, redireccionadores e proxies na sua configuração. Neste caso, a deteção é mais difícil.

2. **Arquitetura peer to peer (P2P)**

Este modelo é descentralizado. Em vez de dependerem de um servidor central, os membros da botnet transferem comandos entre os nós. Isto torna o modelo P2P muito mais difícil de detetar. Mesmo que seja detectado, normalmente só é possível derrubar um nó de cada vez.

O modelo ponto-a-ponto é frequentemente utilizado em conjunto com o modelo centralizado para uma configuração híbrida. A arquitetura P2P funciona como uma alternativa quando o servidor principal fica comprometido ou é desligado.

3. **Arquitetura aleatória**

O modelo de arquitetura aleatória é, de longe, o mais difícil de detetar. Isto deve-se à sua conceção. O objetivo é impedir que o pessoal de segurança localize e desligue o servidor C&C ou identifique a cadeia de comando da rede de bots. Este modelo funciona através da transmissão de comunicações para o

anfitrião infetado (ou botnet) a partir de fontes diferentes:
- Salas de conversação IRC
- CDNs
- Comentários nas redes sociais
- Correio eletrónico

Os cibercriminosos aumentam as suas probabilidades de sucesso seleccionando fontes fiáveis e habitualmente utilizadas.

Dispositivos visados pelo C&C

Os ataques de comando e controlo podem visar quase todos os dispositivos informáticos, incluindo, mas não se limitando a.
- Telemóveis inteligentes
- Comprimidos
- Computadores de secretária
- Computadores portáteis
- Dispositivos IoT

Os dispositivos IoT podem estar sujeitos a um risco acrescido de C&C por várias razões:

- São difíceis de controlar devido às interfaces de utilizador limitadas.
- Os dispositivos IoT são normalmente inseguros por natureza.
- Os objectos inteligentes raramente são corrigidos, se é que alguma vez o são.
- Os dispositivos da Internet das Coisas partilham grandes quantidades de dados através da Internet.

4.7.4 O que os hackers podem fazer através do comando e controlo

1. **Entrega de malware**: Com o controlo de uma máquina comprometida dentro da rede de uma vítima, os adversários podem desencadear o descarregamento de malware adicional.

2. **Roubo de dados**: Dados sensíveis, como documentos financeiros, podem ser copiados ou transferidos para o servidor de um atacante.

3. **Encerramento**: Um atacante pode desligar uma ou várias máquinas, ou mesmo derrubar a rede de uma empresa.

4. **Reiniciar**: Os computadores infectados podem desligar-se e reiniciar-se repentina e repetidamente, o que pode perturbar as operações comerciais normais.

5. **Evasão de defesa**: Os adversários tentam normalmente imitar o tráfego normal e esperado para evitar a deteção. Dependendo da rede da vítima, os atacantes estabelecem o comando e o controlo com diferentes níveis de furtividade para

contornar as ferramentas de segurança.

6. **Negação de serviço distribuída**: Os ataques DDoS sobrecarregam servidores ou redes inundando-os com tráfego de Internet. Uma vez estabelecida uma rede de bots, um atacante pode dar instruções a cada bot para enviar um pedido para o endereço IP visado. Isto cria um congestionamento de pedidos para o servidor visado.

O resultado é como o tráfego a entupir uma autoestrada - o tráfego legítimo para o endereço IP atacado tem o acesso negado. Este tipo de ataque pode ser utilizado para derrubar um sítio Web. Saiba mais sobre os ataques DDoS do mundo real.

Os atacantes de hoje podem personalizar e replicar código C2 malicioso, tornando mais fácil escapar à deteção. Isto deve-se às sofisticadas ferramentas de automatização que estão agora disponíveis, embora sejam tradicionalmente utilizadas pelas equipas vermelhas de segurança.

4.8 Partilha do espetro

A procura de conteúdos multimédia e de processamento de informações, de serviços como a   educação e a saúde em linha, a radiodifusão móvel e o enorme aumento dos aparelhos electrónicos exigem uma utilização eficiente de todo o espetro de frequências disponível e utilizável. A nova geração de redes móveis de banda larga exigirá o suporte de débitos de dados mais elevados.

Foram implementadas muitas tecnologias sofisticadas para uma utilização eficiente do espetro disponível. Por exemplo, os sistemas de linha de vista (LOS) são atualmente utilizáveis até 100 GHz. A redução da dimensão dos componentes e sistemas electrónicos introduz as bandas de frequências múltiplas num único equipamento, o que conduz a uma utilização eficiente do espetro disponível através de uma melhor partilha dinâmica das bandas de frequências.

A gestão do espetro deve ser feita de modo a que haja sempre uma partilha óptima do espetro. Uma maior partilha de frequências e bandas permite o envio de mais dados por diferentes utilizadores na mesma quantidade de espetro disponível.

A partilha do espetro tem basicamente três dimensões: frequência, tempo e localização. A utilização colectiva do espetro (CUS) permite que o espetro seja utilizado por mais de um utilizador em simultâneo sem necessidade de licença. Alguns dos exemplos de partilha do espetro são o conceito de reutilização de frequências nas redes de telecomunicações existentes, FDMA e TDMA. Outro desafio importante é a partilha do espetro entre redes heterogéneas. Embora seja mais fácil conseguir uma partilha de espetro eficiente e bem sucedida entre redes ou aplicações homogéneas ou semelhantes, surge uma complexidade nas redes heterogéneas.

Os métodos de partilha do espetro são classificados em três categorias com base no nível de prioridade de acesso ao espetro de radiofrequências, como se segue:

a. Partilha horizontal do espetro: todos os dispositivos têm direitos iguais de acesso ao espetro.
b. Transferência vertical do espetro apenas: são atribuídas prioridades de acesso ao espetro aos utilizadores primários.
c. Partilha hierárquica do espetro: é uma variante melhorada da partilha vertical do espetro.

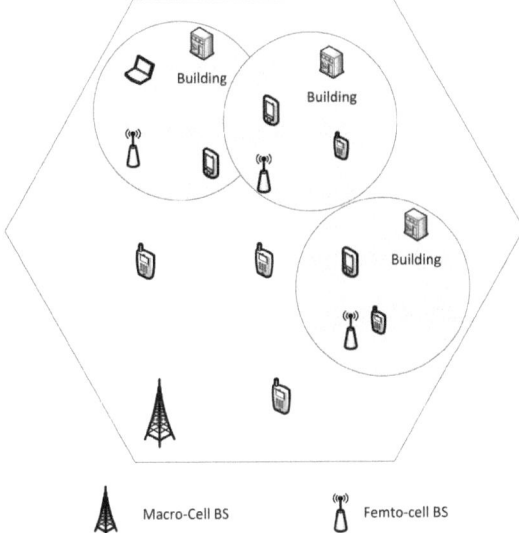

Fig.4.6 Uma HetNet de partilha de espetro em vários níveis, em que o espetro é propriedade da macrocélula e partilhado com outros níveis.

4.8.1 Espectro utilizando SDR e rádio cognitivo - Partilha dinâmica

A evolução da rádio definida por software (SDR) e da rádio cognitiva (CR) são os dois principais marcos nas comunicações móveis. A partilha dinâmica do espetro melhora a eficiência do espetro e as tecnologias acima mencionadas desempenham um papel vital neste aspeto.

Convencionalmente, os transmissores eram sintonizados em frequências específicas, e as instalações para frequências múltiplas teriam um custo elevado. Mas, após o desenvolvimento destas tecnologias, a sintonização dos transmissores em frequências múltiplas tornou-se mais fácil, ou seja, a mudança para as diferentes frequências de forma dinâmica seria possível a um custo razoável.

A rádio cognitiva detecta primeiro a ocupação do canal e, se este estiver ocupado, ajuda os utilizadores a mudar para os outros canais vagos. Além disso, os sinais portadores são detectados regularmente para serem utilizados noutros canais. Em caso de emergência ou de condições de segurança pública, é sempre necessária uma grande quantidade de espetro em comparação com as condições normais. Nestes casos de emergência, a partilha dinâmica do espetro seria uma solução promissora. Em alguns países, os reguladores do espetro são utilizados para incentivar a partilha dinâmica do espetro com requisitos de segurança pública. Note-se que a RC é uma combinação de técnicas administrativas (regulamentares), técnicas e baseadas no mercado para aumentar a eficiência da utilização do espetro.

Outra área de utilidade para a partilha dinâmica é a dos espaços brancos (banda de televisão). Normalmente, as emissoras de TV repetem o mesmo canal/portadora a distâncias relativamente maiores, para evitar qualquer interferência, especialmente na fronteira/fronteira das áreas de cobertura que estão na fronteira de duas transmissões adjacentes no mesmo canal. No entanto, há muito poucos receptores nesta área e a utilidade do espetro não é eficaz e poderia ser utilizada para outros fins.

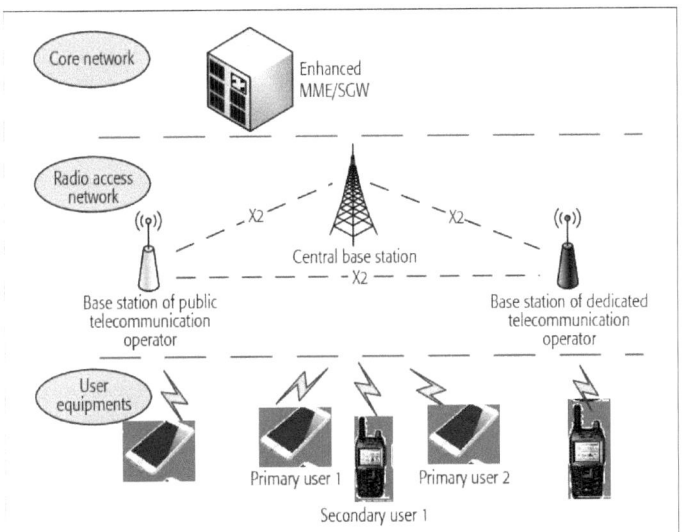

Fig. 4.7 Partilha dinâmica do espetro entre utilizadores activos e passivos

Os organismos de radiodifusão são geralmente bastante protectores das suas transmissões de sinais, mesmo em zonas fora das áreas de cobertura teórica. Assim, apenas os sistemas de baixa potência que causem interferências mínimas podem ser considerados para utilização partilhada do espetro de televisão. No entanto, gradualmente, com o tempo e com a confiança colectiva dos utilizadores, que inclui as emissoras, poderão ser considerados sistemas de maior potência.

A partilha do espetro não é uma tendência universal para todos os reguladores, nem as abordagens adoptadas são semelhantes para todos os reguladores. Os modelos de partilha do espetro são bastante diversos a nível mundial. Na sua forma mais simples, envolve o aluguer de um determinado quantum de ondas de rádio numa área de serviço licenciada por um período mutuamente acordado. O quantum de radiofrequências alugado está disponível para outro titular de licença durante o período de aluguer e pode ser utilizado da melhor forma possível para a conceção da rede e para serviços acessíveis.

A partilha do espetro engloba várias técnicas - algumas administrativas, técnicas e baseadas no mercado. A partilha pode ser efectuada através de licenças e/ou acordos comerciais que envolvam o aluguer e o comércio de espetro. O espetro pode também ser partilhado em várias dimensões: tempo, espaço e geografia. A limitação da potência de transmissão é também um fator que pode ser utilizado para permitir a partilha. Os dispositivos de baixa potência nos bens comuns do espetro funcionam com base nessa caraterística principal: a propagação do sinal que tira partido das técnicas de redução da potência e das interferências. A partilha do espetro pode ser conseguida através de meios técnicos que utilizam tecnologias avançadas em evolução, como as radiocomunicações cognitivas.

Uma questão comum às tecnologias inovadoras e aos métodos baseados no mercado é encontrar o equilíbrio correto. A resolução dos problemas de interferência inerentes aos métodos baseados no princípio da neutralidade tecnológica é uma questão de grande importância. As interferências não podem ser eliminadas e, por isso, a identificação de modelos de gestão das interferências que apoiem a partilha do espetro, quer a nível administrativo, quer a nível do mercado, quer ainda a nível dos "bens comuns do espetro", continua a ser um requisito e um desafio permanente para os gestores do espetro.

4.8.2 Partilha administrativa

A gestão administrativa da partilha do espetro envolve, em geral, os processos da entidade reguladora para estabelecer onde a partilha deve ter lugar e quais as regras aplicáveis. Inclui também a definição das regras de partilha para o desempenho do sistema de radiocomunicações e as normas técnicas aplicáveis, as especificações dos equipamentos e a aprovação do tipo de equipamento. Há várias medidas que podem ser tomadas pela entidade reguladora para melhorar a partilha do espetro:

- Estabelecer políticas de atribuição de espetro e de licenciamento baseadas nas exigências do mercado e adotar processos justos, eficientes e transparentes para a atribuição de licenças. Isto pode significar o início de um processo de avaliação das atribuições existentes e a determinação da quantidade de espetro que pode ser atribuída numa base partilhada ou não exclusiva.
- Efetuar uma auditoria independente das reservas de espetro para identificar as bandas em que podem ser introduzidas alterações imediatas.
- Realizar consultas com as partes interessadas para obter as informações necessárias para apoiar as decisões sobre partilha e normas técnicas.
- Incentivar soluções baseadas em negociações entre as partes afectadas, incluindo o pagamento de indemnizações.
- Estabelecer especificações que encorajem a utilização de tecnologias

eficientes do ponto de vista do espetro e criar mecanismos, nomeadamente através da utilização de incentivos às taxas de utilização do espetro, para iniciar a transição das reservas e atribuições.

4.8.2 Partilha baseada no mercado

Por utilização economicamente eficiente do espetro entende-se a maximização do valor dos resultados produzidos a partir do espetro disponível. As abordagens baseadas no mercado, como os leilões e o comércio de espetro, são consideradas formas superiores de obter eficiência económica em relação aos métodos administrados. Os métodos baseados no mercado funcionam melhor quando a procura é suficiente e as regras e os direitos são claros.

- Os métodos de mercado estão a ser utilizados tanto na emissão primária de licenças de espetro, quando se recorre a leilões, como, mais significativamente, permitindo a compra e venda de direitos de espetro durante o período de validade de uma licença e a mudança de utilização do espetro em causa.
- Nos casos em que o espetro é um recurso escasso, e como todos os recursos escassos num mercado concorrencial, as decisões de atribuição eficientes baseiam-se nos preços. Os leilões bem concebidos e corretamente geridos são atractivos, dado que garantem que as frequências são atribuídas à empresa que licita mais e que pode, em determinadas condições, ser a empresa mais eficiente.

4.8.4 Partilha tecnicamente habilitada

A utilização tecnicamente eficiente do espetro, a um nível básico, implica a utilização mais completa possível de todo o espetro disponível. Duas medidas de eficiência técnica são a ocupação e o débito de dados. O tempo, por exemplo, pode ser utilizado como medida de eficiência técnica, no sentido de quão constante ou intensa é a utilização do espetro ao longo do tempo. O débito de dados significa a quantidade de dados e informações que podem ser transmitidos para uma dada capacidade do espetro. As tecnologias de partilha do espetro, incluindo o espetro alargado, o acesso dinâmico e a banda ultralarga (UWB), são descritas a seguir.

4.8.4.1   Tecnologias de subcamada - banda ultralarga e espetro alargado

A técnica de subposição de espetro é um princípio de gestão do espetro através do qual sinais com uma densidade de potência espetral muito baixa podem coexistir, como utilizador secundário, com os utilizadores primários da(s) banda(s) de frequência. Os utilizadores primários utilizam sistemas com um nível de densidade de potência muito mais elevado. A subcamada conduz a um aumento modesto do nível de ruído para estes utilizadores primários.

Devido aos níveis de emissão extremamente baixos atualmente permitidos pelas agências reguladoras, os sistemas UWB tendem a ser aplicações de curto alcance e interiores. No entanto, devido à curta duração dos impulsos UWB, é mais fácil conceber débitos de dados extremamente elevados e o débito de dados pode ser facilmente trocado por alcance, bastando para tal agregar a energia dos impulsos por cada bit de dados, utilizando uma integração simples ou técnicas de codificação.

O espetro alargado é uma técnica de propagação de um sinal numa largura de banda muito ampla, muitas vezes superior a 200 vezes a largura de banda do sinal original.

4.8.4.2   Tecnologias de sobreposição e acesso dinâmico ao espetro

O acesso dinâmico ao espetro, que se encontra numa fase inicial de desenvolvimento, é uma abordagem avançada da gestão do espetro que está estreitamente relacionada com outras técnicas de gestão, como a gestão flexível do espetro e o comércio de espetro. Envolve a unitização do espetro em termos de faixas horárias e/ou geograficamente. Isto permite que os utilizadores acedam a uma parte específica do espetro durante um período de tempo definido ou numa área definida, que não podem exceder sem voltarem a solicitar o recurso.

Permite que as comunicações funcionem:

- Monitorização para detetar frequências não utilizadas;
- Acordar com dispositivos semelhantes quais as frequências a utilizar;
- Monitorização da utilização da frequência por terceiros;
- Mudar as bandas de frequência e ajustar a potência conforme necessário.

O acesso dinâmico ao espetro está frequentemente associado a tecnologias e conceitos como as rádios definidas por software (SDR) e as rádios cognitivas, embora não dependa exclusivamente delas.

4.8.4.3   Rádio definido por software (SDR) e rádio cognitivo (CR)

Há tecnologias emergentes capazes de promover potenciais novos métodos de partilha do espetro. As rádios definidas por software são sistemas de rádio implementados em hardware de uso geral em que as características operacionais específicas são implementadas em software - diferentes sistemas e normas de rádio são essencialmente carregados como programas de software. Um rádio aumenta a sua flexibilidade à medida que mais da sua funcionalidade se baseia em software.

As tecnologias SDR estão lentamente a entrar nos sistemas de rádio comerciais, à medida que os desenvolvimentos tecnológicos tornam esse processo económico para os fabricantes. Os SDR permitem uma atribuição mais flexível do espetro, uma vez que estes sistemas de rádio utilizam potencialmente o espetro de forma mais intensiva e são mais tolerantes às interferências.

Um rádio cognitivo é um rádio que, em certa medida, está consciente do ambiente através da monitorização das transmissões numa ampla largura de banda, detectando áreas de espetro não utilizado e sendo capaz de modificar a sua transmissão utilizando métodos de modulação e codificação adequados.

4.8.4.4 Antenas inteligentes e outras tecnologias

As aplicações e tecnologias de antenas inteligentes surgiram nos últimos 10 anos e são interessantes pela sua capacidade de aumentar significativamente o desempenho de vários sistemas sem fios, como as redes móveis celulares de 2,5 geração (GSM-EDGE), de terceira geração (IMT 2000) e BWA. As tecnologias de antenas inteligentes exploram múltiplas antenas em modo de transmissão e receção com codificação, modulação e processamento de sinal associados para melhorar o desempenho dos sistemas sem fios em termos de capacidade, cobertura e débito. As antenas inteligentes não são uma ideia nova, mas sim uma ideia mais económica com o advento dos processadores de sinais digitais, dos processadores de uso geral e dos circuitos integrados de aplicação específica (ASIC).

Os rádios multimodais são capazes de funcionar em várias bandas e tecnologias. A tri-banda e o telemóvel mundial são exemplos de rádios multimodais. As frequências continuam a ser divididas em elementos discretos, embora a necessidade de harmonizar as atribuições de frequências e as normas técnicas numa base regional ou mundial não seja tão crítica.

4.9   Comércio de espetro

A comercialização do espetro contribui para uma utilização economicamente mais eficiente das frequências. Isto porque só haverá comércio se o espetro valer mais para o novo utilizador do que para o antigo, reflectindo o maior benefício económico que o novo utilizador espera obter com a sua utilização. Na ausência de erros de avaliação ou de comportamento irracional por parte do comprador ou do vendedor, e se o comércio não causar efeitos externos, pode presumir-se que o comércio de espetro contribui para uma maior eficiência económica. O comércio do espetro permite que as empresas se expandam mais rapidamente do que seria o caso noutras circunstâncias. Facilita também a aquisição de espetro por potenciais novos operadores para entrarem no mercado.

É importante garantir que os custos administrativos ou de transação para os utilizadores do espetro sejam tão baixos quanto possível. Isto implica, por exemplo, que deve haver poucos obstáculos burocráticos à transferência do espetro. Simultaneamente, deve existir uma fonte de informações claras que permita aos potenciais utilizadores do espetro saberem quais as frequências disponíveis, para que podem ser utilizadas, quem as utiliza atualmente e o que é necessário fazer para obter um direito de utilização.

Para que a comercialização do espetro seja transparente e eficiente, faz sentido dar a todas as partes interessadas acesso direto às informações sobre a utilização atual do espetro. É aconselhável criar uma base de dados central, sob a supervisão direta da entidade reguladora do espetro, que forneça as informações necessárias para facilitar a comercialização do espetro. Estes critérios constituem o quadro para toda uma série de disposições institucionais que determinam a forma exacta da comercialização do espetro e estabelecem exatamente o modo como os direitos de utilização podem ser transferidos, bem como quem pode tomar que decisões, quando o pode fazer e em que condições.

4.9.1 Duração da licença

A introdução da comercialização do espetro diminui a necessidade de estabelecer uma data de expiração fixa para os direitos de utilização. No âmbito de um sistema de comércio de espetro, os direitos são transferidos para os utilizadores que identificaram uma utilização alternativa que promete maiores rendimentos económicos. A escolha de uma data de expiração, seja ela daqui a cinco, dez ou vinte anos, é sempre algo arbitrária. Um argumento a favor da concessão de direitos de utilização do espetro com carácter perpétuo é que os utilizadores fazem investimentos complementares por fases e cada investimento tem um período de retorno diferente. De facto, um dos objectivos da regulamentação do espetro deve ser o de incentivar o investimento e a inovação.

Os economistas que confiam nas forças de mercado sem restrições defendem, por conseguinte, que os direitos de utilização do espetro sejam concedidos com carácter perpétuo. Isto implica que, após a atribuição primária do espetro, a entidade reguladora só teria de intervir se os utilizadores quisessem devolver o espetro ou se o seu direito de utilização fosse retirado devido a uma violação das condições de utilização.

No entanto, uma vez que existem imperfeições significativas no mercado, poderá fazer sentido dar à entidade reguladora nacional a opção de retirar os direitos de utilização do espetro. Em alternativa, poderá ser especificado um determinado período de tempo no final do qual a entidade reguladora decide se o direito de utilização do espetro deve ou não ser alargado.

4.9.2 Questões de concorrência associadas à negociação

A política de regulação procura criar um mercado em que os preços estejam tão próximos quanto possível dos custos e em que os consumidores possam escolher entre uma vasta gama de serviços. Em geral, a concorrência sustentável só é possível quando existem infra-estruturas concorrentes, mas a escassez do espetro de radiofrequências cria restrições que, muitas vezes, fazem com que o único resultado possível seja um oligopólio. Por conseguinte, as frequências devem ser distribuídas de modo a criar uma estrutura de mercado que garanta o maior grau possível de concorrência pelo espetro disponível.

A conceção do mecanismo de atribuição e das condições de licenciamento ou de utilização associadas é crucial para o estabelecimento de uma concorrência baseada nas infra-estruturas. O mecanismo de atribuição escolhido pela autoridade reguladora molda a estrutura do mercado, dividindo o espetro e limitando a quantidade máxima de espetro que um utilizador pode adquirir.

É opinião geral que quanto maior for o número de utilizadores do espetro, mais competitivo é o mercado e menor é a necessidade de regulamentar os utilizadores finais. Imagine-se, por um momento, que todas as frequências disponíveis para as aplicações móveis GSM eram leiloadas em pequenas parcelas, sem qualquer restrição à quantidade máxima de espetro que um proponente pode adquirir. É concebível que uma empresa possa adquirir todas as parcelas de espetro, o que resultaria num monopólio do mercado das comunicações móveis. Sem proceder a uma análise exacta da probabilidade de um tal resultado se verificar nos diferentes tipos de leilões, é no entanto verdade que, de acordo com a teoria económica, um monopolista não regulamentado está em posição de obter o maior lucro e, por conseguinte, estará disposto a pagar mais pelo espetro.

Os esforços para criar uma estrutura de mercado concorrencial não se limitam à atribuição do espetro. O comércio ilimitado do espetro pode ser explorado por utilizadores que actuem em conjunto para criar um monopólio ou, pelo menos, um oligopólio mais concentrado. Os reguladores do espetro devem estar atentos a esta possibilidade. Os comportamentos anticoncorrenciais, sob a forma de aquisição de espetro "excessivo", podem ser evitados de diferentes modos pela autoridade reguladora, que está em posição de fixar limites máximos para o espetro, para estabelecer regras que especifiquem o modo como o comércio de espetro deve ser efectuado, incluindo a aprovação prévia de transacções ou transferências de espetro.

4.9.3 Monopolização

Uma vez permitido o comércio secundário, a estrutura do sector pode ser afetada por fusões de empresas ou pela transferência direta da propriedade do espetro. Existe o risco de surgir uma estrutura que contenha um monopólio ou, de um modo mais geral, uma empresa ou empresas dominantes, que podem fixar preços excessivos. Se os mercados do espetro conduzirem à monopolização do fornecimento de serviços a jusante (ou seja, se uma única empresa puder monopolizar todo o espetro capaz de produzir esse serviço) e não existirem outras tecnologias ou serviços concorrentes ou substitutos, então um mercado do espetro poderá facilmente produzir piores resultados do que um sistema administrativo que conduza à concorrência entre fornecedores de serviços a jusante.

Estes problemas podem também ser combatidos pelo direito comum da concorrência, sempre que este exista; por exemplo, uma posição dominante pode ser desmantelada ou uma fusão proibida. Mas pode também ser necessário que a entidade reguladora tenha poderes para controlar e, se necessário, proibir determinadas transacções de espetro. Por exemplo, podem ser necessários procedimentos especiais para limitar a aquisição de licenças de espetro ou exigir a aprovação prévia de transferências ou a aplicação de procedimentos de controlo de fusões que avaliem uma proposta de concentração de espetro quanto ao seu impacto no mercado anti-trust relevante. Por último, os reguladores do espetro podem elaborar regras de leilão para a libertação de novo espetro de modo a promover a concorrência.

A comercialização do espetro é um caso de partilha do espetro com o envolvimento de actividades comerciais. A comercialização do espetro é considerada uma forma mais económica de utilização eficiente do espetro. É uma opção através da qual se pode aumentar a flexibilidade e atribuir espetro a um determinado serviço, que pode ser facilmente transferido para outras utilizações. Em resumo, a comercialização do espetro é um mecanismo baseado no mercado, em que os compradores e os vendedores determinam as atribuições do espetro e as suas utilizações, em que o vendedor transfere o direito de utilização do espetro, total ou parcialmente, para o comprador, mantendo a propriedade. Em muitos países, a comercialização do espetro já está a decorrer e o processo de comercialização está confinado a bandas específicas, que são procuradas para utilização comercial em condições especificadas.

O comércio de espetro melhora a eficiência e facilita a entrada de novos serviços no mercado, introduzindo ligeiras alterações nas disposições regulamentares.

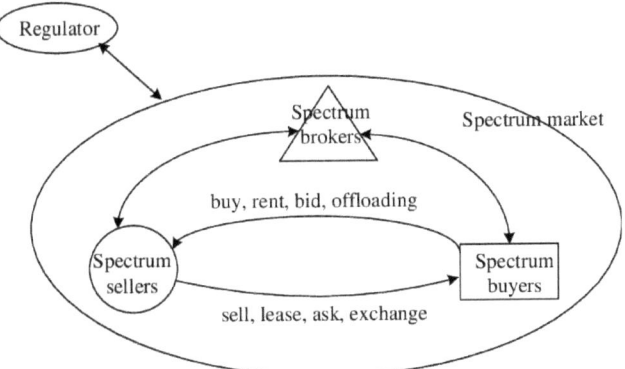

Fig.4.8 Estrutura dos mercados de comércio de espetro. | Descarregar o diagrama científico

A diferença entre partilha de espetro e comércio de espetro pode ser explicada da seguinte forma:

No comércio de espetro, os direitos de utilização são totalmente transferidos do vendedor por um período específico. No entanto, na partilha do espetro, o comprador obtém um direito temporário de utilização do espetro, cabendo os direitos exclusivos ao vendedor. O comércio só se torna efetivo quando é associado à liberalização.

A comercialização do espetro pode ser implementada se houver uma base sólida de compreensão das tecnologias avançadas e dos sistemas operativos, dado que a flexibilidade do espetro exige novas abordagens e métodos práticos de controlo do cumprimento, aplicação e resolução de conflitos.

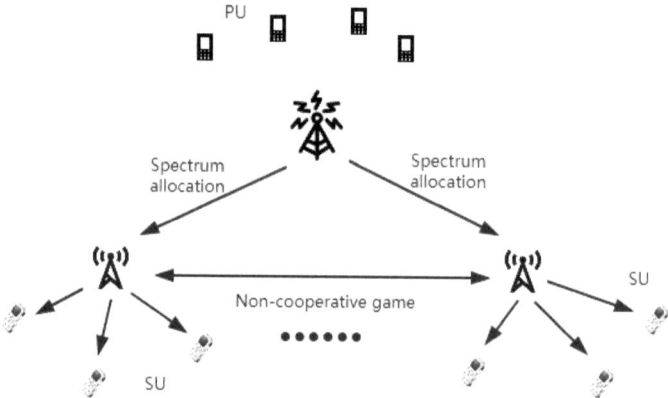

Fig.4.9 Modelo de comércio de espetro

4.9.4 Méritos do comércio do espetro
Os méritos do comércio do espetro são os seguintes:
- Melhora a utilização eficiente do espetro
- Facilita a avaliação das licenças de espetro e a obtenção de conhecimentos sobre o valor de mercado do espetro
- Processo mais rápido, com uma tomada de decisão melhor e mais rápida por parte de quem dispõe de informação
- Elimina os obstáculos à entrada no mercado, permitindo que os pequenos operadores e as empresas em fase de arranque adquiram mais rapidamente direitos de utilização do espetro, facilitando assim o desenvolvimento da concorrência no mercado
- Existe uma oportunidade para uma redistribuição mais rápida e um acesso mais rápido ao espetro

- Incentiva as novas tecnologias a acederem mais rapidamente ao espetro
- Os operadores existentes têm a oportunidade de vender espetro não utilizado ou subutilizado e de fazer uma utilização mais flexível do espetro
- Redução dos custos de transação da aquisição de direitos de utilização do espetro
- Permite aos operadores uma maior flexibilidade para se adaptarem à evolução da procura resultante das alterações do mercado.

4.10 Rádio Cognitivo baseado em 5G

A definição aprovada pelo IEEE de rádio cognitivo (RC) é uma rádio em que os sistemas de comunicação estão conscientes do seu ambiente e estado interno e podem tomar decisões sobre o seu funcionamento de rádio com base nessa informação e em objectivos predefinidos. A informação ambiental pode não incluir informação de localização relacionada com os sistemas de comunicação. A rádio cognitiva é uma solução muito boa para aumentar a utilização do espetro.

Os rádios cognitivos devem ser capazes de auto-organizar a sua comunicação com base em funções de deteção e reconfiguráveis, como a seguir se indica:
- *Gestão dos recursos do espetro:* este esquema é necessário para gerir e organizar eficazmente as informações sobre os buracos do espetro entre os rádios cognitivos.
- *Gestão da segurança:* as redes de rádio cognitivas (CRN) são redes heterogéneas na sua essência e esta propriedade heterogénea introduz uma série de questões de segurança. Assim, este esquema ajuda a fornecer funções de segurança num ambiente dinâmico.
- *Gestão da mobilidade e da ligação:* este esquema pode ajudar a descobrir a vizinhança, detetar o acesso disponível à Internet e suportar transferências verticais, que ajudam os rádios cognitivos a selecionar a rota e as redes.

4.10.1 Conceito de dispositivo CR

Esta secção explica as características do CR cuja implementação num único dispositivo oferece um terminal de utilizador muito inteligente e de elevado desempenho - o terminal CR. A Figura 4.10 mostra as propriedades do CR.

A. Deteção do espetro

A operação de deteção do espetro pode ser dividida em três etapas:
- *Deteção do sinal:* Nesta etapa da operação, a existência do sinal é detetada. Não é necessário conhecer o tipo de sinal nesta fase.
- *Classificação do sinal:* Nesta fase da operação, o tipo de sinal é detectado, o

que é feito através da extração das características do sinal.

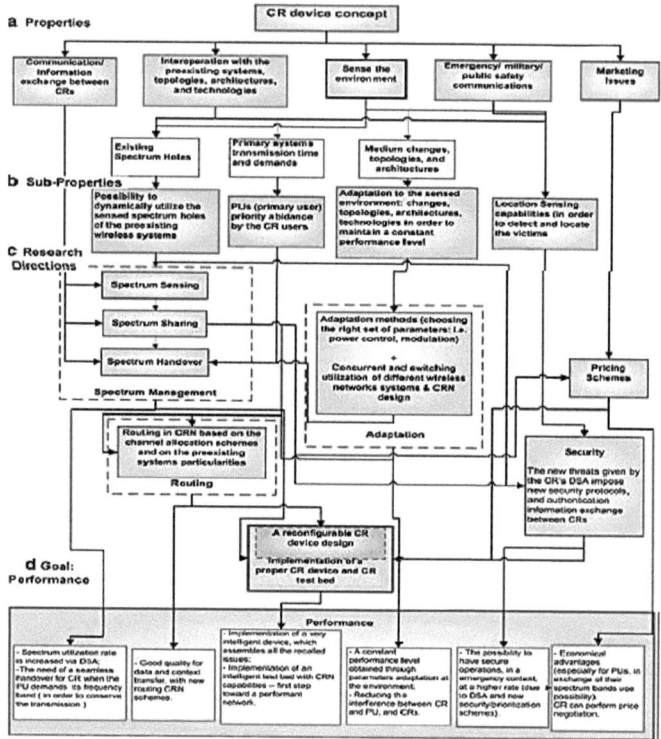

Figura 4.10 Conceito de dispositivo CR.

- *Decisão de disponibilidade do canal:* Nesta fase, é detectada a disponibilidade de canais. Uma vez detectados os canais livres, o passo seguinte é a partilha dos buracos no espetro, que pode ser conseguida através do esquema de atribuição de espetro.

A tecnologia CR traz também novos *desafios em termos de segurança e de preços*
que são apresentados na Figura 4.10.

- O conceito de acesso dinâmico ao espetro, bem como as necessidades de autenticação do CR, fazem surgir novas ameaças à segurança.
- O preço é muito influenciado pelo esquema de atribuição de canais utilizado. Além disso, os CR devem ser concebidos com fortes capacidades para negociar o preço dos canais disponíveis.

B. Transferência de espetro

O fenómeno de mudança de frequência de forma dinâmica é designado por transferência de espetro. Um utilizador secundário altera a sua frequência quando aparece um utilizador primário ou devido à degradação da transmissão. Para tal, é necessário conceber um esquema de transferência.

C. Adaptação ambiental
Durante a deteção da informação, podem ocorrer diferentes alterações, como alterações topológicas, ruído ou potência de interferência. Para se adaptar a estas alterações e manter um desempenho constante, é necessário implementar novas técnicas de adaptação, o que constitui um importante ponto de preocupação.

D. Encaminhamento CR
O encaminhamento dos CR baseia-se no requisito de interoperabilidade dos dispositivos CR com diferentes sistemas e é influenciado pelas técnicas de partilha do espetro.
As CRN herdam as características das redes dos PS (sistemas primários): baseadas em infra-estruturas, em malha, ad-hoc, redes de sensores, etc., e estes tipos de arquitetura impõem um algoritmo de encaminhamento específico, que deve também incluir os dispositivos dos CR e a possibilidade de um CR ser um nó de retransmissão para outro CR.

4.10.2 CR baseado em 5G

Como já foi referido, a tecnologia CR seria uma modalidade importante para construir a rede 5G integrada. As várias funcionalidades do 5G que poderiam ser satisfeitas com a utilização de CR são as seguintes
- Tecnologias PHY e MAC avançadas.
- Implementação de protocolos novos e flexíveis.
- Capacidade para suportar sistemas homogéneos e heterogéneos.
- Adaptação a diferentes mudanças, como mudanças ambientais, mudanças de frequência dinâmica, etc.

A correlação entre WISDOM e CR em referência à 5G pode ser dada como "O 5G traz o conceito de convergência através do WISDOM e o CR representa a ferramenta tecnológica para o implementar." A tecnologia 5G elimina os terminais de rádio específicos de determinadas tecnologias sem fios e propõe um terminal universal que deve incluir todas as funcionalidades anteriores num único dispositivo. Esta convergência de terminais é apoiada pelas necessidades e exigências dos utilizadores e está fortemente presente no terminal CR.

Há muitas questões que ainda não foram abordadas:
- Como ligar o terminal CR às redes com fios?
- Como atingir o limiar máximo da taxa de dados de 1 Tera bps do 5G quando se utiliza a tecnologia CR ao nível do acesso?
- Como implementar as boas técnicas para combinar os fluxos provenientes de múltiplas redes de acesso?

A rádio cognitiva (RC) é uma forma de comunicação sem fios em que um emissor-recetor pode detetar de forma inteligente quais os canais de comunicação que estão a ser utilizados e quais os que não estão. O emissor-recetor desloca-se então instantaneamente para os canais vagos, evitando os ocupados. Estas capacidades ajudam a otimizar a utilização do espetro de radiofrequências (RF) disponível.

Também minimiza a interferência nos outros utilizadores. E, ao evitar canais ocupados, aumenta a eficiência do espetro e melhora a qualidade do serviço (QoS) para os utilizadores.

O espetro de radiofrequências sem fios é um recurso limitado, normalmente atribuído através de um processo de licenciamento. Nos EUA, é da responsabilidade conjunta da Federal Communications Commission (FCC) e da National Telecommunications and Information Administration (NTIA). A FCC administra o espetro para utilização não federal (por exemplo, comercial), enquanto a NTIA faz o mesmo para utilização federal (por exemplo, militar, FBI).

O espetro atribuído (licenciado) nem sempre é utilizado de forma óptima. Em consequência, algumas bandas estão sobrelotadas (p. ex., redes celulares GSM), enquanto outras estão relativamente inutilizadas (p. ex., militares). Esta ineficiência do espetro limita a quantidade de dados que podem ser transmitidos aos utilizadores e diminui a qualidade do serviço.

Como o número de dispositivos conectados em uso continua a crescer, este recurso limitado está a tornar-se rapidamente um recurso *escasso*. A rádio cognitiva é uma forma eficiente de utilizar e partilhar este recurso de forma inteligente, optimizada e justa.

Radio frequency spectrum bands

DESIGNATION	ABBREVIATION	FREQUENCIES	FREE-SPACE WAVELENGTHS
Very low frequency	VLF	3 kHz to 30 kHz	100 km to 10 km
Low frequency	LF	30 kHz to 300 kHz	10 km to 1 km
Medium frequency	MF	300 kHz to 3 MHz	1 km to 100 m
High frequency	HF	3 MHz to 30 MHz	100 m to 10 m
Very high frequency	VHF	30 MHz to 300 MHz	10 m to 1 m
Ultrahigh frequency	UHF	300 MHz to 3 GHz	1 m to 100 mm
Super-high frequency	SHF	3 GHz to 30 GHz	100 mm to 10 mm
Extremely high frequency	EHF	30 GHz to 300 GHz	10 mm to 1 mm

Fig. 4.11 A rádio cognitiva optimiza a utilização das bandas do espetro de radiofrequências disponíveis

4.10.3 Redes e capacidades de rádio cognitivas

Joseph Mitola, do KTH Royal Institute of Technology, em Estocolmo, propôs pela primeira vez a ideia de rádio cognitiva em 1998. Trata-se de uma tecnologia híbrida que envolve a rádio definida por software (SDR) aplicada às comunicações por espetro alargado.

Uma rede de rádio cognitiva (CRN) divide-se em duas redes principais, uma *rede primária* e uma *rede secundária*. A rede primária detém a banda licenciada e é constituída pela estação de base de rádio primária e pelos utilizadores. A rede secundária partilha o espetro não utilizado com a rede primária. É constituída pela estação de base de rádio cognitiva e pelos utilizadores.

As três principais capacidades que diferenciam a rádio cognitiva da rádio tradicional são
- **Cognição**: A RC compreende o seu ambiente geográfico e operacional.
- **Reconfiguração**: De acordo com este conhecimento cognitivo, o CR pode decidir ajustar os seus parâmetros de forma dinâmica e autónoma.
- **Aprendizagem**: O CR também pode aprender com a experiência e experimentar novas configurações em novas situações.

4.10.4 Facetas do rádio cognitivo

As duas principais facetas utilizadas na RC são a *deteção do espetro* e a *base de dados do espetro*.

4.10.4.1 Deteção do espetro

Os dispositivos CR monitorizam as bandas do espetro nas suas vizinhanças para identificar os utilizadores licenciados para operar nessa banda. Procuram também porções não utilizadas do espetro de radiofrequência, conhecidas como espaços brancos ou buracos no espetro. Esses buracos são criados e removidos dinamicamente e podem ser usados sem uma licença.

A deteção do espetro pode ser cooperativa ou não cooperativa. No método cooperativo, os dispositivos de rádio cognitivos partilham informações sobre o espetro, enquanto no método não cooperativo cada dispositivo CR actua por si só.

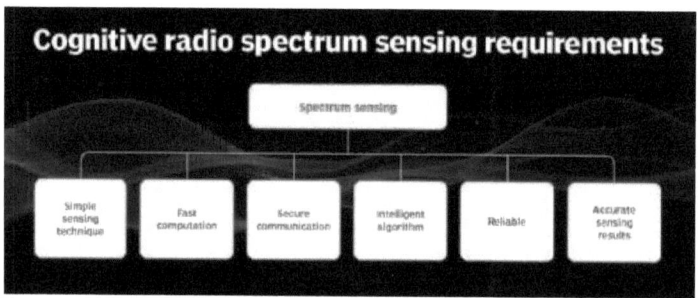

Fig. 4.12 Os dispositivos de rádio cognitivos monitorizam as bandas do espetro através de uma técnica designada por deteção do espetro, que existe em dois tipos (cooperativa e não cooperativa) e tem determinados requisitos.

4.10.4.2 Base de dados do espetro

As estações de televisão actualizam a sua utilização do espetro de radiofrequências na semana seguinte numa base de dados mantida pela FCC. Os dispositivos de rádio cognitivos podem procurar informações sobre o espetro livre nesta base de dados, pelo que não têm de recorrer a técnicas de deteção do espetro complexas, morosas e dispendiosas.

A desvantagem deste método é que é difícil para a base de dados atualizar a atividade dinâmica do espetro em tempo real. Em consequência, os dispositivos de RC podem perder oportunidades de aceder a espetro não utilizado.

Para suportar o número crescente de dispositivos que utilizam o espetro de radiofrequências, é útil uma abordagem combinada. Garante que os dispositivos possam detetar com rapidez e precisão o espetro não utilizado, melhorando assim a QoS.

4.10.5 Tipos de rádio cognitivo

Os dois principais tipos de CR são os *heterogéneos* e os *de partilha de espetro*.

Na RC heterogénea, os operadores gerem várias redes de acesso via rádio (RAN) utilizando os mesmos protocolos ou protocolos diferentes de tecnologia de acesso via rádio (RAT). A rádio cognitiva heterogénea utiliza uma abordagem centrada na rede e as bandas de frequência atribuídas às várias RAN são fixas.

No RC com partilha de espetro, várias RAN partilham a mesma banda de frequências. Também se coordenam entre si para utilizarem as sub-bandas não ocupadas de forma inteligente e optimizada.

Em ambos os tipos de CR, os recursos de rádio são optimizados e a QoS é muito melhor do que seria com o rádio tradicional.

Outra forma de classificar a RC é como *cognitiva total* ou de *deteção do espetro*. A RC totalmente cognitiva tem em conta todos os parâmetros de que um nó ou rede sem fios pode ter conhecimento. A CR de deteção do espetro detecta canais no espetro de RF.

4.5 Ondas milimétricas

A maior parte das comunicações por rádio, incluindo a televisão, as comunicações por satélite, o GPS e o Bluetooth, utilizam uma banda de frequências que varia entre 300 MHz e 3 GHz. Mas esta banda está a ficar cheia e a atenção centra-se na libertação e utilização do espetro adicional. As ondas mm são a solução promissora para este problema.

As bandas de espetro identificadas no âmbito do IMT não têm capacidade para transportar os enormes volumes de dados necessários para os serviços 5G. Por conseguinte, as ondas mm poderão ser as bandas candidatas às comunicações móveis 5G devido à sua elevada capacidade de transporte de dados. As ondas mm têm as seguintes vantagens

(a) Não há muito funcionamento em ondas mm, pelo que há mais espetro disponível em ondas mm
(b) Blocos muito grandes de espetro contíguo para apoiar futuras aplicações.
(c) Devido à elevada atenuação no espaço livre, a reutilização de frequências é possível a distâncias mais curtas
(d) A resolução espacial é melhor em hardware de ondas mm com tecnologia CMOS
(e) O avanço da tecnologia de semicondutores permite equipamentos de

baixo custo
(f) O pequeno comprimento de onda permite a utilização de grandes conjuntos de antenas para a formação de feixes adaptativos
(g)   O tamanho reduzido da antena em ondas de mm facilita a integração no chip e a instalação em locais adequados.

As ondas mm permitem uma maior largura de banda e oferecem uma elevada transferência de dados e uma baixa taxa de latência, adequadas para serviços de Internet fiáveis de alta velocidade. O pequeno comprimento de onda facilita a instalação de antenas de pequenas dimensões e de outras partes do equipamento de rádio, o que reduz os custos e facilita a instalação. A antena do transmissor seria como um poste de iluminação, que poderia ser instalado num edifício, num poste de iluminação pública, etc.

A elevada direccionalidade obtida nesta banda pode ser utilizada para aumentar a multiplexagem espacial. A dimensão da antena necessária para um rádio de ondas milimétricas pode ser um décimo ou menos do que a de um rádio equivalente de frequência inferior, o que constitui uma vantagem para os fabricantes, que podem construir sistemas mais pequenos e mais leves.

A largura do feixe é a medida do modo como um feixe transmitido se espalha à medida que se afasta do seu ponto de origem. Mas devido à disponibilidade limitada de bandas de radiofrequência (RF), os sistemas de comunicação sem fios de quinta geração passarão para bandas de ondas mm de capacidade ultraelevada. A alta frequência torna a banda de ondas mm mais atractiva para o sistema de comunicações sem fios e estas frequências são utilizadas nas comunicações terrestres e por satélite.

Já existem produtos sem fios que utilizam ondas milimétricas para transmissões fixas e LOS, mas a taxa de absorção do sinal eletromagnético das ondas mm coloca grandes desafios à sua utilização nas ligações não-LOS e móveis. Por outro lado, a elevada direccionalidade conseguida nesta banda pode ser utilizada para aumentar a multiplexagem espacial. O backhaul sem fios será outro fator essencial para as pequenas células 5G de ondas mm.

Dentro das frequências de mm, a banda de frequência de 60 GHz tem atraído os investigadores, uma vez que nesta banda não estão atribuídas grandes quantidades de largura de banda, larguras de banda essas que são necessárias para os sistemas de comunicação com as taxas de dados pretendidas de 100 Mbps e superiores. Além disso, outra vantagem da banda de 60 GHz deve-se a uma propriedade física do canal de propagação nesta frequência que proporciona uma forma natural de redução do fator de reutilização de frequências, o que tende a compactar o tamanho das células.

É uma propriedade geral da propagação de ondas mm que o comportamento dos raios de propagação seja bem caracterizado pela ótica geométrica. Ou seja, as ondas não penetram nas paredes ou noutros obstáculos e a reflexão das ondas é o principal mecanismo que conduz a um multipercurso. As ondas mm têm o potencial de suportar o acesso a serviços de banda larga, o que é especialmente relevante devido ao advento da Rede Digital de Serviços Integrados de Banda Larga (BISDN).

Com o desenvolvimento dos sistemas de comunicação pessoal sem fios, há duas coisas que parecem ser significativas:

- Exploração de bandas de alta frequência, como as ondas mm, para fornecer banda larga para a transmissão de dados de elevado débito.
- Integrar várias tarefas num único sistema, o que alarga consideravelmente a aplicação do dispositivo sem fios.

A utilidade das ondas mm para as microcélulas que formam o GIMCV baseado no WISDOM está bem posicionada para ser servida por estas ondas mm. Esta questão foi desenvolvida nos pontos seguintes:

- É relativamente fácil obter licenças para grandes blocos de espetro de ondas milimétricas, o que permitiria às operadoras implantar grandes tubulações de backhaul com mais de 1 Gbps de tamanho. Embora uma única célula pequena possa não necessitar de tanta capacidade, a complexidade das redes heterogéneas exigirá a ligação em cadeia de muitas células pequenas, passando cada célula a sua carga ao longo da linha.
- O backhaul de pequenas células tira o melhor partido das características de alta frequência das ondas mm. Quanto maior for a frequência, menor será a distância de propagação de uma onda, a menos que receba um grande aumento de potência. Mas a rede heterogénea, por definição, será composta por células densamente compactadas em ambientes urbanos, o que significa que as ondas mm não terão de viajar muito entre saltos.

As utilizações tradicionais das ondas mm incluem a radionavegação, a investigação espacial, a radioastronomia, os satélites de exploração da Terra, o radar, as armas militares e outras aplicações. As redes de backbone/backhaul (rede ponto a ponto) para a rede de telecomunicações existente para ligar a estação de base ao centro de comutação principal (MSC), o sistema de distribuição local multiponto (LMDS), as WLAN interiores, as redes densas de alta capacidade estão também presentes nas ondas mm. As bandas típicas de micro-ondas para backhaul são as bandas de frequência de 6,0 GHz, 11,0 GHz, 18,0 GHz, 23,0 GHz e 38,0 GHz.

A reduzida utilização das ondas mm pode ser atribuída à elevada atenuação e à baixa penetração. Com uma frequência tão elevada, as ondas são mais susceptíveis à chuva e a outras atenuações atmosféricas. O comprimento de onda é da ordem dos milímetros, e as gotas de chuva também têm o mesmo tamanho. As chuvas absorvem as ondas de alta frequência e dificultam a sua propagação. No entanto, os resultados experimentais mostram que, em condições de chuva intensa, a atenuação é de 1,4 dB e 1,6 dB para 200 metros de distância a 28 GHz e 38 GHz, respetivamente [8]. A atenuação da chuva a 60 GHz para uma taxa de precipitação de 50 mm/h é de aproximadamente 18 dB/km. Um projeto de ligação adequado, com uma potência de transmissão ligeiramente elevada, pode resolver o problema da atenuação da chuva.

Uma ligeira alteração da posição afectaria a intensidade do sinal na extremidade recetora, devido ao facto de as ondas mm serem profundamente afectadas pela dispersão, reflexão e refração. A propagação do atraso médio quadrático (RMS) para as ondas mm é da ordem de alguns nano segundos e é mais elevada para as ligações não LOS (NLOS) do que para as ligações LOS. Do mesmo modo, o expoente de perda de trajetória para as ligações NLOS é superior ao das ligações LOS. Devido ao facto de a perda de percurso e a propagação do atraso RMS serem mais elevadas, presume-se que as ondas mm não são adequadas para ligações (NLOS). No entanto, estas dificuldades podem ser geridas através da utilização de agregação de portadoras, MIMO de ordem elevada, antena orientável e técnicas de formação de feixes.

Recentemente, foram efectuadas medições exaustivas para compreender as características de propagação para definir o canal de rádio a 28 GHz nas zonas urbanas densas da cidade de Nova Iorque e medições de propagação celular a 38 GHz em Austin, Texas, no campus principal da Universidade do Texas. As medições foram realizadas para conhecer os pormenores sobre o ângulo de chegada (AoA), o ângulo de partida (AoD), a propagação do atraso RMS, a perda de trajetória e as características de penetração e reflexão dos edifícios para a conceção de futuros sistemas celulares de ondas mm. Os estudos de viabilidade da propagação a 28 GHz e 38 GHz mostraram que a propagação é viável até 200 metros de distância [6,10] em ambas as condições, ou seja, (LOS) e (NLOS) com uma potência de transmissão da ordem dos 40-50 dBm num ambiente urbano difícil. Esta é a dimensão de uma micro-célula nas zonas urbanas.

As bandas de frequência em torno dos 60 GHz são as mais adequadas para as células pico e femto, devido à elevada capacidade de transporte de dados e à pequena distância de reutilização, devido à forte absorção de oxigénio à taxa de 15 dB/Km. A utilização das bandas de frequência em torno dos 60 GHz é altamente esparsa, o que permite atribuir uma grande largura de banda a cada canal. Além disso, o equipamento pode ser muito compacto devido ao tamanho muito pequeno da antena.

Foram realizados muitos trabalhos de investigação para a caraterização de canais interiores na banda de 60 GHz, mas muito poucos trabalhos foram efectuados para a caraterização de canais exteriores. Na referência, foram efectuadas medições para CW de banda estreita para a potência recebida em função da distância de separação em diferentes ambientes, principalmente no campo do aeroporto, na rua urbana e no túnel da cidade. Foi utilizada uma sonda de canal baseada na correlação para a medição da frequência central de 59,0 GHz com uma largura de banda de 200 MHz. Foi utilizada uma antena de corneta de 90° na extremidade de transmissão e uma corneta bicónica com uma largura de feixe de elevação de 20° no recetor em todas as medições. A medição foi efectuada para o expoente da perda de percurso e para o espalhamento do atraso RMS. Os resultados revelaram que o expoente de perda de trajetória se situava entre 2 e 2,5 em ambiente exterior e que o espalhamento do atraso RMS era inferior a 20 ns. Os resultados também incluem o facto de o fenómeno de multipercursos ser negativo nas garagens de estacionamento devido às suas grandes dimensões e à superfície lisa, em comparação com as ruas da cidade e o túnel rodoviário, onde o fenómeno de multipercursos não é muito significativo.

As medições foram efectuadas a 55 GHz nas ruas da cidade de Londres (Reino Unido), com uma densidade de tráfego moderada, utilizando um emissor fixo e um recetor móvel, com distâncias de ligação não superiores a 400 m. O emissor foi instalado a 10 m acima do nível do solo e o recetor móvel foi montado no tejadilho de um automóvel. O sinal de teste era um sinal FM de banda estreita gerado através de um oscilador Gunn e alimentado a uma antena tipo corneta de 25 dBi. Os resultados revelaram que o expoente de perda de trajetória era de 3,6 para uma separação T-R de 400 m com uma trajetória LOS e que o expoente de perda de trajetória era de 10,4 para a mesma separação Tx-Rx em condições NLOS.

A fim de compreender as características de propagação do canal de rádio, foram efectuadas há muito tempo medições extensivas de propagação em ambiente urbano no campus da Universidade de Tecnologia de Delft, nos

Países Baixos. As medições do desvanecimento em frequência numa largura de banda de 100 MHz centrada em 59,9 GHz foram efectuadas quase exclusivamente no domínio do tempo, utilizando analisadores de rede e sondas de canal. O diagrama de blocos do sistema de medição utilizado para a caraterização do canal de rádio no domínio da frequência é apresentado na Figura 4.13.

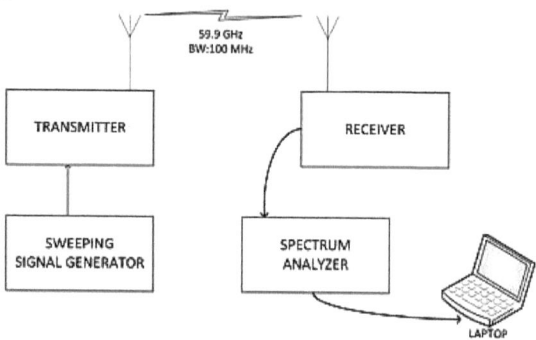

Figura 4.13 Configuração da medição.

Os dois componentes principais são o gerador de sinal no lado do transmissor e o analisador de espetro no lado do recetor. Foi utilizada uma antena omnidirecional plana (2 dBi, 120°) no lado do transmissor e uma antena omnidirecional (120) e uma antena direcional de remendo (feixe de lápis, 19,5 dBi, 15°) no lado do recetor. As medições com ambas foram feitas para ver a diferença de desempenho, porque a antena omnidirecional permite que mais componentes reflectidos entrem no recetor. As medições foram efectuadas para obter estatísticas do fator "k" da distribuição de Rice e do coeficiente de perda de trajetória para a pico-célula com um raio da ordem dos 50 m em três locais diferentes, incluindo o exterior e o interior. As medições foram efectuadas em locais possíveis para a comunicação multimédia móvel.

As medições efectuadas na zona do corredor (interior) da Universidade para o fator k de Rice e a potência recebida em função da distância com uma separação T de 12-15 m são apresentadas nas figuras 4.14 e 4.15. As medições efectuadas na zona de estacionamento (exterior) da Universidade para a potência recebida em função da distância numa escala logarítmica com uma separação T de 12-15 m são apresentadas na figura 4.16.

Os resultados das medições mostram que a propagação é viável até 10-15 m em ambiente urbano interior e exterior, o que corresponde à dimensão normal de uma célula pico. O sector das radiocomunicações da União Internacional das Telecomunicações (UIT) é responsável pela gestão do espetro de radiofrequências a nível internacional. De acordo com o plano de atribuição de frequências da UIT-R, a banda de frequências 10-40 GHz foi reservada para serviços baseados em satélite nas três regiões, juntamente com serviços fixos e móveis. O sistema de distribuição local multiponto (LMDS), as WLAN, os serviços de satélite e a rede densa de alta capacidade, etc., são os principais serviços presentes nas ondas milimétricas.

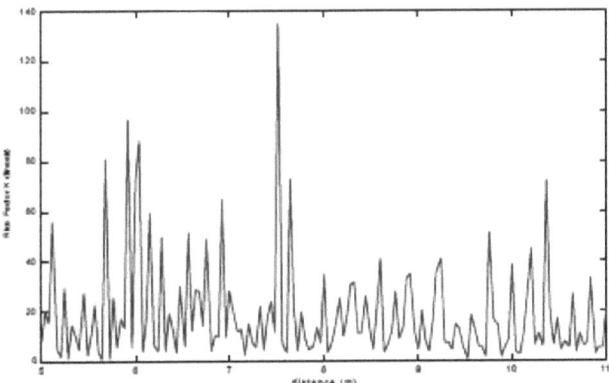

Figura 4.14 Fator de arroz k versus distância no corredor. Foi utilizada uma antena recetora direcional.

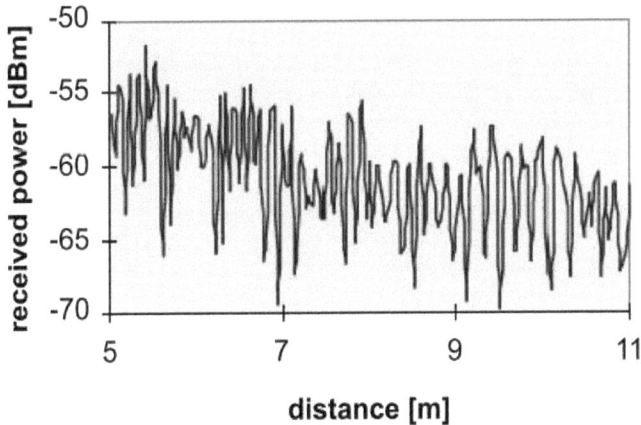

Figura 4.15 Potência média recebida em banda larga no corredor com a utilização de uma antena recetora omnidirecional.

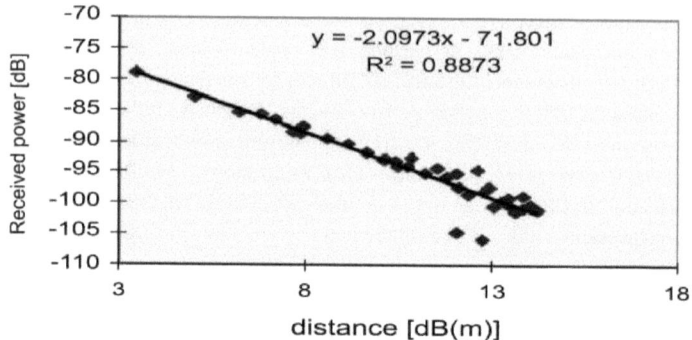

Figura 4.16 Dispersão do gráfico da potência medida [dB] versus a distância numa escala logarítmica para uma localização exterior (estacionamento) com uma antena omnidirecional.

Nesta banda estão também a funcionar várias ligações de micro-ondas fixas ponto a ponto. Estas ligações destinam-se basicamente à rede de backbone/backhaul para GSM e outros serviços. Está disponível uma boa quantidade de espetro vago nas ondas mm que pode ser utilizado para serviços de comunicações 5G. Os serviços 5G podem transmitir potências elevadas, aproximadamente 40-50 dBW. Por conseguinte, é necessário efetuar um estudo de coexistência com os serviços LMDS e de satélite existentes, que estariam a funcionar em bandas de espetro vizinhas.

O espetro é fundamental para as comunicações móveis sem fios. O conceito de partilha do espetro e de comércio do espetro é abordado principalmente neste capítulo. O conceito de comércio de espetro chama a atenção para a sua importância, uma vez que não é muito bem sucedido em muitos países. A gestão do espetro é um desafio importante para a evolução das comunicações 5G. As bandas de frequências extra-altas têm de ser exploradas para as transferências rápidas de dados. Neste c o n t e x t o , as ondas mm revelaram-se um êxito para as comunicações de curto alcance.

No entanto, é necessário prosseguir a investigação para fazer avançar a s tecnologias existentes, como as redes cognitivas, com vista a uma utilização eficiente do espetro.

UNIDADE V: SEGURANÇA NAS REDES 5G

Características de segurança em redes 5G, segurança no domínio da rede, segurança no domínio do utilizador, quadro de QoS baseado em fluxos, atenuação das ameaças em 5G.

UNIDADE V
SEGURANÇA NAS REDES 5G

5.1 Introdução

Atualmente, a tendência para um ambiente de computação ubíqua, tal como previsto, conduziu a redes móveis caracterizadas por uma procura cada vez maior de elevados débitos de dados e mobilidade. A tecnologia mais proeminente que surgiu para dar resposta a estas questões é a tecnologia móvel 5G, tendo sido envidados grandes esforços para a desenvolver nos últimos anos, com o objetivo de a implantar a partir de 2020. As comunicações 5G visam fornecer uma grande largura de banda de dados, uma capacidade infinita de ligação em rede e uma cobertura de sinal extensa, a fim de apoiar uma vasta gama de serviços personalizados de alta qualidade para os utilizadores finais. Para atingir este objetivo, as comunicações 5G integrarão múltiplas tecnologias avançadas existentes com técnicas novas e inovadoras. No entanto, esta integração conduzirá a enormes desafios de segurança nas futuras redes móveis 5G.

Prevê-se, em particular, que as redes móveis 5G suscitem um vasto leque de questões de segurança devido a uma série de factores, nomeadamente
(i) a arquitetura aberta baseada no IP do sistema 5G,
(ii) a diversidade das tecnologias de rede de acesso subjacentes ao sistema 5G,
(iii) a multiplicidade de dispositivos de comunicação interconectados, que serão também altamente móveis e dinâmicos,
(iv) a heterogeneidade dos tipos de dispositivos em termos das suas capacidades computacionais, de potência da bateria e de armazenamento de memória,
(v) os sistemas operativos abertos dos dispositivos, e
(vi) o facto de os dispositivos interligados serem normalmente operados por utilizadores não profissionais em matéria de segurança.

Consequentemente, os sistemas de comunicações 5G terão de enfrentar mais ameaças e muito mais fortes do que os actuais sistemas de comunicações móveis existentes. No entanto, apesar do facto de os futuros sistemas de comunicações 5G virem a ser alvo de muitas ameaças de segurança conhecidas e desconhecidas, não é claro quais serão as ameaças mais graves e quais os elementos de rede que serão alvo mais frequente. Uma vez que esse conhecimento é da maior importância para a prestação de orientações que garantam a segurança dos sistemas de comunicações móveis da próxima geração, o objetivo deste capítulo é apresentar os potenciais problemas e desafios de segurança dos futuros sistemas de comunicações 5G.

5.1.1 Panorâmica de uma potencial arquitetura do sistema de comunicações 5G

Nas comunicações 5G, a adoção de uma arquitetura heterogénea densa, composta por macrocélulas e pequenas células, é uma das soluções de baixo custo mais promissoras que permitirá às redes 5G satisfazer as necessidades de crescimento da capacidade da indústria e proporcionar uma experiência de conetividade uniforme do lado do utilizador final. Com base na literatura mais recente, consideramos que uma potencial arquitetura de comunicações 5G à escala das macrocélulas, tal como ilustrado na Figura, incluirá a estação de base (BS), equipada com grandes conjuntos de antenas, bem como outros grandes conjuntos de antenas da BS geograficamente distribuídos pela rede de macrocélulas. Os grandes conjuntos de antenas distribuídos desempenharão o papel de pontos de acesso de pequenas células que suportam múltiplos protocolos de rede de acesso via rádio (RAN) para uma vasta gama de tecnologias de rede de acesso subjacentes (2G/3G/4G). Além disso, os utilizadores móveis no ambiente exterior colaborarão entre si para formar agregados virtuais de antenas de grande dimensão. Os agregados virtuais de antenas de grande dimensão, juntamente com os agregados de antenas de grande dimensão distribuídos (ou seja, pontos de acesso de células pequenas) do BS, construirão ligações MIMO (Multiple-Input Multiple-Output) maciças virtuais nas células pequenas. Os pontos de acesso das pequenas células dependem de uma conetividade fiável de backhaul através de fibras ópticas. Além disso, os edifícios situados na área das macrocélulas 5G serão também equipados com grandes conjuntos de antenas instalados no exterior do edifício. Assim, cada edifício poderá comunicar com o BS da macrocélula diretamente ou com os grandes conjuntos de antenas distribuídos do BS. Além disso, em cada edifício, os grandes conjuntos de antenas instalados no exterior serão ligados por cabo aos pontos de acesso sem fios no interior do edifício que comunicam com os utilizadores internos. Além disso, a arquitetura de referência Home eNode B (HeNB), definida pelo 3GPP em referências para a construção de femtocélulas, é muito promissora para as futuras redes de comunicações 5G. Tal deve-se ao facto de a femtocélula HeNB constituir uma solução eficaz para responder à crescente procura de débitos de dados. Em particular, uma femtocélula HeNB é um ponto de acesso de baixa potência e de baixo alcance utilizado principalmente para fornecer cobertura interior a grupos fechados de assinantes (CSG). As femtocélulas HeNB descarregam a rede de macrocélulas e fornecem uma ligação de backhaul IP de banda larga à rede do operador móvel através do acesso residencial à Internet do assinante.

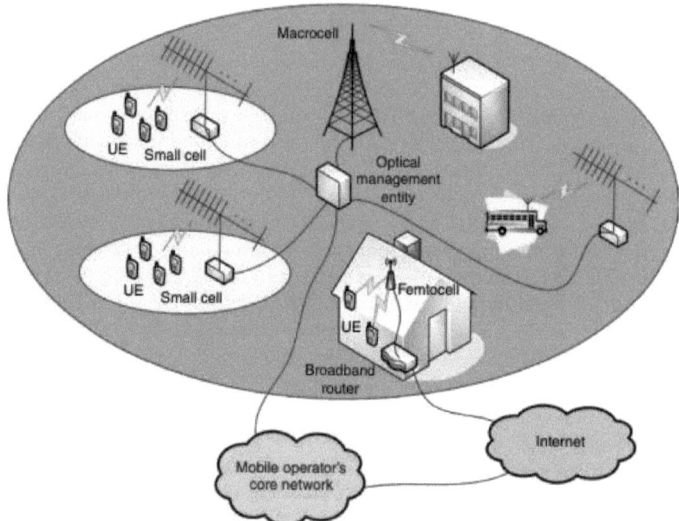

Fig. 5.1: Arquitetura dos sistemas de comunicações 5G.

Várias femtocélulas HeNB podem ser agrupadas e endereçadas a um gateway, reduzindo o número de interfaces ligadas diretamente à rede central do operador móvel. Esta porta de ligação é um equipamento do operador de rede móvel, normalmente localizado fisicamente nas instalações do operador móvel. Além disso, o conceito de femtocélula móvel (MFemtocell) descrito na referência pode ser outra tecnologia promissora para as futuras comunicações 5G. Este conceito combina o conceito de retransmissor móvel com a tecnologia de femtocélula para acomodar utilizadores de elevada mobilidade, como os utilizadores de transportes públicos (por exemplo, comboios e autocarros) e mesmo os utilizadores de automóveis particulares. As femtocélulas serão pequenas células instaladas no interior dos veículos para comunicar com os utilizadores dentro dos veículos. Além disso, serão instalados grandes conjuntos de antenas no exterior dos veículos para permitir a comunicação com o BS da macrocélula diretamente ou com os grandes conjuntos de antenas distribuídos do BS.

A segurança é um aspeto crítico de qualquer sistema de comunicações, e mais ainda para as redes de rádio móveis. Uma das razões mais óbvias é que a comunicação sem fios pode ser intercetada por qualquer pessoa dentro de um determinado raio de alcance do transmissor e com as competências técnicas e o equipamento necessários para descodificar a sinalização. Existe, portanto, o risco de a transmissão ser escutada, ou mesmo manipulada, por terceiros. Existem ainda outras ameaças; por exemplo, um atacante pode rastrear o movimento de um utilizador entre células de rádio na rede ou descobrir o paradeiro de um utilizador específico. Isto pode constituir uma ameaça significativa à privacidade dos utilizadores. Para além dos aspectos de segurança diretamente relacionados com os utilizadores finais, há também questões de segurança relacionadas com os operadores de rede e os fornecedores de serviços, bem como com a segurança entre operadores de rede em cenários de roaming. Por exemplo, não deve haver dúvidas quanto ao utilizador e ao parceiro de roaming que estiveram envolvidos na geração de determinado tráfego, a fim de garantir a cobrança correcta e justa dos assinantes.

A segurança é também uma parte importante do sistema 4G e muitos aspectos são, de facto, bastante semelhantes nos sistemas 4G e 5G. Existem, no entanto, alguns novos desafios na era 5G. Por exemplo, prevê-se que a variedade de dispositivos finais utilizados nos sistemas 5G seja significativamente mais diversificada, por exemplo, com novos tipos de dispositivos simples, aparelhos conectados, aplicações industriais, etc., para além da conhecida banda larga móvel para os consumidores finais. Prevê-se que os aspectos da privacidade assumam um papel mais central na era 5G, uma vez que cada vez mais a nossa vida quotidiana se desenrola na Internet e, ao mesmo tempo, a capacidade de computação e de armazenamento (comummente designada por "grandes volumes de dados") tornou viável o rastreio e o armazenamento de quase tudo o que acontece. O número e o tipo de dispositivos que um utilizador final tem em casa ligados a sistemas sem fios está a aumentar e, em combinação com as novas capacidades de armazenamento e de computação, os utilizadores finais precisam de garantias e de proteção contra comportamentos invasivos da privacidade e desafios de segurança.

A segurança pode ser fornecida em muitos níveis de um sistema. A segurança na camada de aplicação é o que a maioria das pessoas observa quando utiliza a Internet. Esta camada inclui a navegação na Web utilizando HTTPS e o acesso seguro a diferentes plataformas e servidores disponíveis na Internet.

No entanto, o fornecimento de segurança na camada de aplicação não é suficiente para proteger contra o rastreio do movimento de um utilizador entre células de rádio, ou contra ataques de negação de serviço contra dispositivos ou a rede. Por conseguinte, a segurança no acesso móvel subjacente e na rede móvel é uma parte fundamental para permitir um sistema 5G fiável.

Existem também requisitos regulamentares relacionados com a segurança, que podem diferir consoante os países e as regiões. Esses regulamentos podem, por exemplo, estar relacionados com situações excepcionais em que os serviços de aplicação da lei podem solicitar informações sobre as actividades de um dispositivo e de um utilizador, bem como intercetar o tráfego de telecomunicações. O enquadramento num sistema de comunicações para apoiar esta situação é designado por "interceção legal".

Podem também existir regulamentos para garantir a proteção da privacidade dos utilizadores finais quando utilizam redes móveis. Requisitos como estes são geralmente registados nas leis e regulamentos nacionais e/ou regionais pelas autoridades responsáveis dessa nação ou região específica. No entanto, a norma 5G tem de fornecer características suficientes para que os requisitos regulamentares possam ser cumpridos.

Abordamos seguidamente diferentes aspectos da segurança nas redes móveis, começando por uma breve discussão sobre os principais conceitos e domínios de segurança. Em seguida, são discutidos os aspectos de segurança relacionados com os utilizadores finais, bem como no interior das entidades da rede e entre elas. Concluímos este capítulo com uma descrição do quadro para a interceção legal. A tónica é colocada na segurança 5G, tal como definida pelas normas 5G do 3GPP. Existem muitos outros aspectos da segurança num sistema de comunicações baseado em software, não abrangidos pelas normas 3GPP, incluindo a implementação do produto, a virtualização e os aspectos de segurança da nuvem, etc. Estes aspectos são igualmente importantes, mas não são específicos das normas 3GPP e, por conseguinte, são apenas mencionados muito brevemente a seguir.

5.2 Requisitos de segurança e serviços de segurança do sistema 5G

5.2.1 Requisitos de segurança

Aquando da conceção do sistema 5G, o 3GPP acordou em requisitos gerais de segurança para a norma 5G. Estes incluem requisitos gerais do sistema para suportar, por exemplo, a autenticação e a autorização dos assinantes, a utilização de cifragem e a proteção da integridade entre o UE e a rede, etc. Há também requisitos de segurança para cada entidade, como o UE, a estação de base (gNB, eNB), o AMF, o UDM, etc., que incluem requisitos de armazenamento e processamento seguros das credenciais e chaves de assinatura, suporte de algoritmos específicos de cifra e proteção da integridade, etc. Alguns dos requisitos de segurança serão descritos com mais pormenor mais adiante, quando falarmos das diferentes características de segurança do sistema 5G.

5.2.2 Serviços de segurança

Antes de entrarmos nos mecanismos de segurança do 5GS, pode ser útil passar brevemente por alguns conceitos básicos de segurança que são importantes nas redes celulares. Antes de um utilizador ter acesso a uma rede, é necessário efetuar uma autenticação geral (embora possam ser abertas excepções para serviços regulamentares, como chamadas de emergência, dependendo da regulamentação local). Durante a autenticação, o utilizador prova que é quem afirma ser. No 5GS, é necessária uma autenticação mútua, em que a rede autentica o utilizador e o utilizador autentica a rede. A autenticação é geralmente efectuada através de um procedimento em que cada parte prova que tem acesso a um segredo conhecido apenas pelas partes participantes, por exemplo, uma palavra-passe ou uma chave secreta.

A rede também verifica se o assinante está autorizado a aceder ao serviço solicitado, por exemplo, para obter acesso a serviços 5G utilizando uma determinada rede de acesso. Isto significa que o utilizador deve ter os privilégios certos (ou seja, uma assinatura) para o tipo de serviços solicitados. A autorização para uma rede de acesso é frequentemente efectuada ao mesmo tempo que a autenticação. Note-se que podem ser necessários diferentes tipos de autorização em diferentes partes da rede e em diferentes instâncias, consoante o serviço solicitado por um utilizador. A rede pode, por exemplo, autorizar a utilização de uma determinada tecnologia de acesso, uma determinada rede de dados, um determinado perfil de QoS, uma determinada taxa de bits, o acesso a determinados serviços, etc. Uma vez concedido o acesso ao utilizador, é necessário proteger o tráfego de sinalização e o tráfego do plano do utilizador entre o UE e a rede, e entre diferentes entidades dentro da rede. Para este efeito, pode ser aplicada a cifragem e/ou a proteção da integridade.

A cifragem e a proteção da integridade têm finalidades diferentes e a necessidade de cifragem e/ou proteção da integridade varia consoante o tipo de tráfego. Com a cifragem, garantimos que a informação transmitida só é legível para os destinatários pretendidos. Para tal, o tráfego é modificado de modo a tornar-se ilegível para qualquer pessoa que o consiga intercetar, exceto para as entidades que tenham acesso às chaves criptográficas correctas. A proteção da integridade, por outro lado, é um meio de detetar se o tráfego que chega ao destinatário pretendido foi ou não modificado, por exemplo, por um atacante entre o remetente e o destinatário. Se o tráfego tiver sido modificado, a proteção da integridade garante que o recetor é capaz de o detetar. Além disso, a proteção de dados pode ser feita em diferentes camadas da pilha de protocolos e, como veremos, o 5GS suporta funcionalidades de proteção de dados nas camadas 2 e 3 do protocolo, dependendo da interface e do tipo de tráfego. Este aspeto é explicado em pormenor mais adiante. Para encriptar/desencriptar, bem como para efetuar a proteção da integridade, as entidades emissoras e receptoras necessitam de chaves criptográficas. Pode parecer tentador utilizar a mesma chave para todos os fins, incluindo autenticação, cifragem, proteção da integridade, etc. No entanto, a utilização da mesma chave para vários objectivos deve ser geralmente evitada.

Uma das razões é que, se a mesma chave for utilizada para a autenticação e a proteção do tráfego, um atacante que consiga recuperar a chave de cifragem quebrando, por exemplo, o algoritmo de cifragem, aprenderia ao mesmo tempo a chave utilizada também para a autenticação e a proteção da integridade. Além disso, as chaves utilizadas num acesso não devem ser as mesmas que as utilizadas noutro acesso. Se fossem as mesmas, as chaves recuperadas por um atacante num acesso com características de segurança fracas poderiam ser reutilizadas para quebrar acessos com características de segurança mais fortes. A fragilidade de um algoritmo ou de um acesso estende-se assim a outros procedimentos ou acessos. Para evitar esta situação, as chaves utilizadas para diferentes fins e em diferentes acessos devem ser distintas e um atacante que consiga recuperar uma das chaves não deve poder saber nada de útil sobre as outras chaves. Esta propriedade é designada por separação de chaves e, como veremos, é um aspeto importante da conceção da segurança do 5GS. Para conseguir a separação de chaves, são derivadas chaves distintas que são utilizadas para fins diferentes. As chaves podem ser derivadas durante o processo de autenticação, em eventos de mobilidade e quando a UE passa para o estado ligado.

A proteção da privacidade é outra caraterística de segurança importante. Por proteção da privacidade entendemos as características que estão disponíveis para garantir que as informações sobre um assinante não fiquem disponíveis para outros. Por exemplo, pode incluir mecanismos para garantir que a identificação permanente do utilizador não seja enviada em texto claro através da ligação aérea. Se, por exemplo, essa informação for enviada em texto claro através do ar, isso significaria que um espião poderia detetar os movimentos e padrões de viagem de um utilizador.

As leis e directivas de cada país e das instituições regionais (por exemplo, a União Europeia) definem normalmente a necessidade de intercetar o tráfego de telecomunicações e as informações conexas. Isto é referido como interceção legal e pode ser utilizado por agências de aplicação da lei de acordo com as leis e regulamentos.

5.3 Domínios de segurança

5.3.1 Visão geral

A fim de descrever as diferentes características de segurança do 5GS, é útil dividir a arquitetura de segurança completa em diferentes domínios de segurança. Cada domínio pode ter o seu próprio conjunto de ameaças à segurança e de soluções de segurança.

A TS 33.501 da 3GPP divide a arquitetura de segurança em diferentes grupos ou domínios:

1. Segurança do acesso à rede
2. Segurança do domínio de rede
3. Segurança do domínio do utilizador
4. Segurança do domínio da aplicação
5. Segurança do domínio SBA
6. Visibilidade e configurabilidade da segurança.

Os grupos 1-4 e 6 são muito semelhantes aos grupos correspondentes para 4G/EPC. O grupo 5 é, no entanto, novo em relação ao 4G/EPC. O primeiro grupo é específico de cada tecnologia de acesso (NG-RAN, acesso não-3GPP), enquanto os outros são comuns a todos os acessos. A Fig. 5.2 apresenta uma ilustração esquemática dos diferentes domínios de segurança.

5.3.2 Segurança do acesso à rede

A segurança do acesso à rede refere-se às características de segurança que proporcionam a um utilizador um acesso seguro à rede. Inclui a autenticação mútua, bem como características de privacidade. Além disso, inclui-se também a proteção do tráfego de sinalização e do tráfego do plano do utilizador no acesso. Esta proteção pode proporcionar confidencialidade e/ou proteção da integridade do tráfego. A segurança do acesso à rede tem geralmente componentes específicas do acesso - ou seja, as soluções pormenorizadas, os algoritmos, etc., diferem consoante as tecnologias de acesso. Com o 5GS, foi efectuado um elevado grau de harmonização entre as tecnologias de acesso, por exemplo, para utilizar uma autenticação de acesso comum.

O sistema permite agora que a autenticação através do NAS seja utilizada em tecnologias de acesso 3GPP e não 3GPP.

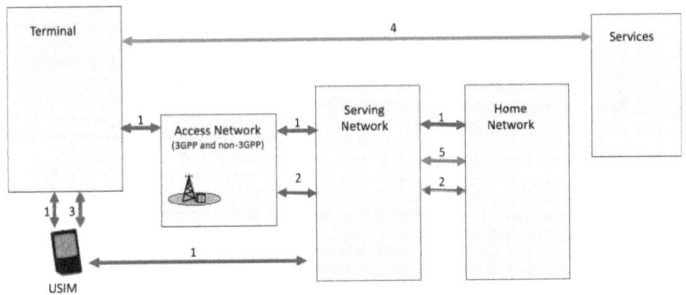

Fig. 5.2 Panorâmica da arquitetura de segurança.

5.3.3 Segurança do domínio de rede

As redes móveis contêm muitas funções de rede e pontos de referência entre elas. A segurança do domínio da rede refere-se às características que permitem que estas funções de rede troquem dados de forma segura e protejam contra ataques à rede entre as funções de rede, tanto entre NFs dentro de uma PLMN como em PLMNs diferentes.

5.3.4 Segurança do domínio do utilizador

A segurança do domínio do utilizador refere-se ao conjunto de características de segurança que protegem o acesso físico aos terminais. Por exemplo, o utilizador pode ter de introduzir um código PIN antes de poder aceder ao terminal ou antes de poder utilizar o cartão SIM no terminal.

5.3.5 Segurança do domínio da aplicação

A segurança no domínio das aplicações são as características de segurança utilizadas por aplicações como o HTTP (para acesso à Web) ou o IMS. A segurança no domínio da aplicação é geralmente de extremo a extremo entre a aplicação no terminal e a entidade homóloga que fornece o serviço. Isto contrasta com as características de segurança anteriores listadas que fornecem segurança hop-by-hop - ou seja, aplicam-se apenas a uma única ligação no sistema. Se cada ligação (e nó) da cadeia que requer segurança estiver protegida, toda a cadeia de extremo a extremo pode ser considerada segura. Uma vez que a segurança ao nível da aplicação atravessa o transporte do plano do utilizador fornecido pelo 5GS e, como tal, é transparente para o 5GS.

5.3.6 Segurança do domínio SBA

A segurança do domínio SBA é o conjunto de características de segurança que permite que as funções de rede que utilizam interfaces/APIs baseadas em serviços comuniquem de forma segura dentro de uma rede e entre domínios de rede, por exemplo, em caso de itinerância. Essas características incluem os aspectos de registo, descoberta e autorização das funções de rede, bem como a proteção das interfaces baseadas em serviços. A segurança do domínio SBA é uma nova caraterística de segurança em comparação com a 4G/EPC. Uma vez que o SBA é uma nova caraterística do 3GPP no 5GS, enquanto os outros domínios de segurança existem também no 4G/EPS, o SBA foi considerado um domínio de segurança por si só.

5.3.7 Visibilidade e configurabilidade da segurança

Trata-se do conjunto de elementos que permite ao utilizador saber se um elemento de segurança está ou não em funcionamento e se a utilização e a prestação de serviços dependerão desse elemento de segurança. Na maioria dos casos, os dispositivos de segurança são transparentes para o utilizador e este não tem conhecimento de que estão em funcionamento. No entanto, para alguns dispositivos de segurança, o utilizador deve ser informado do seu estado de funcionamento. Por exemplo, a utilização da cifragem e da proteção da integridade dos dados do utilizador depende da configuração do operador e deve ser possível ao utilizador saber se está ou não a ser utilizada, por exemplo, através de um símbolo no ecrã do terminal. A configurabilidade é a propriedade em que o utilizador pode configurar se a utilização ou a prestação de um serviço dependerá do facto de um elemento de segurança estar ou não em funcionamento.

5.4 Características de segurança na rede 5G

1. **Isolamento do fatiamento da rede:** O fatiamento da rede cria segmentos de rede virtuais e isolados na mesma infraestrutura física, garantindo que o tráfego e os dados de uma fatia não possam interferir ou aceder a outra, aumentando a segurança e o isolamento.

2. **Encriptação melhorada:** O 5G utiliza técnicas de encriptação avançadas, como o AES, para proteger os dados durante a transmissão, tornando extremamente difícil a interceção ou a decifração de informações por partes não autorizadas.

3. **Autenticação e gestão de chaves:** Mecanismos de autenticação robustos verificam a identidade dos dispositivos e dos utilizadores antes de concederem acesso, enquanto a gestão de chaves fortes garante uma comunicação segura.

4. **Proteção da identidade do utilizador e do dispositivo:** O 5G utiliza medidas como a autenticação SIM e os certificados para proteger contra o roubo de identidade e o acesso não autorizado.

5. **Segurança da virtualização de funções de rede (NFV):** As funções de rede virtualizadas são protegidas contra vulnerabilidades, garantindo que os componentes de rede definidos por software sejam seguros.

6. **Segurança desde a conceção:** as redes 5G são concebidas tendo em conta a segurança desde o início, com funcionalidades e considerações de segurança incorporadas para impedir potenciais ameaças.

7. **Integração segura de dispositivos:** Os dispositivos são integrados de forma segura na rede, muitas vezes através de métodos como a autenticação do cartão SIM ou o aprovisionamento seguro, para garantir que cumprem as normas de segurança.

8. **Segurança reforçada da interface de rádio:** As medidas de segurança na interface de rádio protegem contra escutas e outros ataques baseados em rádio, mantendo a confidencialidade das comunicações sem fios.

9. **Auditoria e monitorização da segurança:** A monitorização e a auditoria contínuas do tráfego e dos eventos da rede ajudam a detetar e a responder a incidentes de segurança em tempo real, melhorando a segurança geral da rede.

10. **Segurança de divisão de rede:** Cada fatia de rede é fortificada com as suas medidas de segurança para evitar ataques entre fatias, garantindo que uma fatia não pode comprometer a segurança de outra.

Na rede 5G, é atribuído um Identificador Permanente de Assinante (SUPI) globalmente único para cada assinante. O SUPI segue o formato do IMSI ou do Identificador de Acesso à Rede (NAI). O SUPI não é partilhado durante o processo de estabelecimento da ligação. Em vez disso, é partilhado com a rede um Identificador Oculto do Assinante (SUCI) temporário, até que o assinante ou o dispositivo seja autenticado. Esta funcionalidade protege os assinantes de estações de base desonestas na rede.

5.4.1 Questões e desafios de segurança nos sistemas de comunicações 5G

Os alvos mais atraentes para os futuros atacantes nos futuros sistemas de comunicações 5G serão o equipamento do utilizador, as redes de acesso, a rede central do operador móvel e as redes IP externas. Para ajudar a compreender as futuras questões e desafios de segurança que afectam estes componentes do sistema 5G, apresentamos exemplos representativos de possíveis ameaças e ataques específicos a estes componentes. Para obter estes exemplos, exploramos ameaças e ataques contra sistemas móveis antigos (ou seja, 2G/3G/4G) que podem afetar os futuros sistemas de comunicações 5G, explorando características específicas desta nova plataforma de comunicações. Para os ataques de exemplo, também discutimos potenciais técnicas de mitigação derivadas da literatura, a fim de fornecer um roteiro para a implantação de contramedidas mais avançadas.

1. Equipamento do utilizador

Na era das comunicações 5G, os equipamentos de utilizador (UE), como os potentes smartphones e tablets, serão uma parte muito importante da nossa vida quotidiana. Esses equipamentos fornecerão uma vasta gama de características apelativas que permitirão aos utilizadores finais aceder a uma infinidade de serviços personalizados de alta qualidade. No entanto, a popularidade crescente prevista dos futuros UE, combinada com as maiores capacidades de transmissão de dados das redes 5G, a ampla adoção de sistemas operativos abertos e o facto de os futuros UE suportarem uma grande variedade de opções de conetividade (por exemplo, 2G/3G/4G, IEEE 802.11, Bluetooth) são factores que tornam os futuros UE um alvo privilegiado para os cibercriminosos. Para além dos tradicionais ataques de negação de serviço (DoS) baseados em SMS/MMS, os futuros UEE estarão também expostos a ataques mais sofisticados originados por malware móvel (por exemplo, worms, vírus, trojans) que visarão tanto os UE como a rede celular 5G. Os sistemas operativos abertos permitirão que os utilizadores finais instalem aplicações nos seus dispositivos, não só de fontes fidedignas mas também de fontes não fidedignas (ou seja, mercados de terceiros). Consequentemente, o malware móvel, que será incluído em aplicações feitas para parecerem software inocente (por exemplo, jogos, utilitários), será descarregado e instalado nos dispositivos móveis dos utilizadores finais, expondo-os a muitas ameaças. O malware móvel pode ser concebido para permitir que os atacantes explorem os dados pessoais armazenados no dispositivo ou lancem ataques (por exemplo, ataques DoS) contra outras entidades, como outros UE, as redes de acesso móvel, a rede de base do operador móvel e outras redes externas ligadas à rede de base móvel. Assim, os futuros dispositivos móveis comprometidos não serão apenas uma ameaça para os seus utilizadores, mas também para toda a rede móvel 5G que os serve.

2. Redes de acesso

Nas comunicações 5G, prevê-se que as redes de acesso sejam altamente heterogéneas e complexas, incluindo várias tecnologias de acesso via rádio diferentes (por exemplo, 2G/3G/4G) e outros sistemas de acesso avançados, como as femtocélulas, de modo a garantir a disponibilidade do serviço. Por exemplo, na ausência de cobertura de rede 4G, a UE deve poder estabelecer uma ligação através de redes 2G ou 3G. No entanto, o facto de os sistemas móveis 5G suportarem muitas redes de acesso diferentes leva-os a herdar todas as questões de segurança das redes de acesso subjacentes que irão suportar. Durante a evolução das comunicações 4G para as comunicações 5G, devem ser implementados mecanismos de segurança reforçados para combater as ameaças de segurança emergentes nas redes de acesso 5G. Para resolver esta questão, devem ser identificadas, em primeiro lugar, as potenciais ameaças à segurança das futuras redes de acesso 5G. Assim, na presente secção, centramo-nos nos ataques existentes às actuais redes de acesso 4G e às femtocélulas HeNB, que poderão ser também possíveis ataques às redes de acesso 5G.

Ataques à rede de acesso 4G
- Rastreio da localização dos UE
- Ataques baseados em falsos relatórios de estado do buffer
- Ataque de inserção de mensagem

Ataques de HeNB Femtocell
- Ataques físicos ao HeNB
- Ataques às credenciais HeNB
- Ataques à configuração do HeNB
- Protocolo de ataques ao HeNB
- Ataques à rede central do operador móvel
- Ataques aos dados do utilizador e à privacidade da identidade
- Ataques aos recursos e à gestão da rádio

5.4.2 Necessidade de segurança nas redes 5G

Ao contrário das tecnologias sem fios da geração anterior, o 5G tem suporte nativo para serviços massivos de IOT e de veículo para infraestrutura. A proteção destas redes contra ataques de negação de serviço distribuído (DDOS) por parte de piratas informáticos é muito importante.

Casos de uso massivo de IOT usarão 5G RAN e os hackers poderiam potencialmente sobrecarregar o RAN através de ataques DDOS, se a rede for deixada desprotegida.

A introdução da MEC e das pequenas células, que são implantadas mais perto dos assinantes e dos dispositivos, cria novos vectores de ataque para os piratas informáticos e estes têm de ser protegidos

A tecnologia 5G destina-se a casos de utilização de missão crítica, como as cirurgias robóticas, e é fundamental impedir que os piratas informáticos explorem as vulnerabilidades de dia zero

5.5 Segurança do domínio de rede

5.5.1 Introdução

Até agora, a maior parte do texto deste capítulo dizia respeito à segurança do acesso à rede, ou seja, às características de segurança que suportam o acesso de uma UE ao 5GS. No entanto, tal como mencionado nas secções introdutórias do capítulo, é importante considerar também os aspectos de segurança das interfaces internas da rede, tanto dentro de uma PLMN como entre PLMNs em casos de itinerância. No entanto, nem sempre foi esse o caso. Quando a 2G (GSM/GERAN) foi desenvolvida, não foi especificada qualquer solução para a proteção do tráfego na rede de base. Considerou-se que tal não constituía um problema, dado que as redes GSM eram normalmente controladas por um pequeno número de grandes instituições e eram entidades de confiança. Além disso, as redes GSM originais estavam apenas a gerir tráfego comutado por circuitos. Estas redes utilizavam protocolos e interfaces específicos para o tráfego vocal comutado por circuitos e, normalmente, só eram acessíveis aos grandes operadores de telecomunicações. Com a introdução do GPRS, bem como do transporte IP em geral, a sinalização e o transporte no plano do utilizador nas redes 3GPP começaram a funcionar em redes e protocolos mais abertos e acessíveis a outros que não as principais instituições da comunidade de telecomunicações. Esta situação levou à necessidade de proporcionar uma proteção reforçada também ao tráfego que circula nas interfaces da rede de base. Por exemplo, as interfaces da rede de base podem atravessar redes de transporte IP de terceiros, ou as interfaces podem atravessar as fronteiras dos operadores, como nos casos de roaming. Por conseguinte, o 3GPP desenvolveu especificações sobre o modo como o tráfego baseado em IP deve ser protegido também na rede de base e entre uma rede de base e outra rede (de base). Por outro lado, é de notar que, mesmo hoje em dia, se as interfaces da rede de base passarem por redes de confiança, por exemplo, uma rede de transporte fisicamente protegida pertencente ao operador, haverá pouca necessidade desta proteção adicional.

Abordaremos em seguida a solução geral de segurança do domínio da rede (NDS) que já foi especificada para a 3G e a 4G e é reutilizada com a 5GS, mas também analisaremos as novas soluções 5GS que foram desenvolvidas especificamente para as interfaces baseadas em serviços (ou seja, as interfaces que utilizam HTTP/2). Nesta área, as interfaces entre domínios são de especial importância, a interface de itinerância (N32) entre PLMNs, bem como as interfaces entre o 5GS e terceiros utilizadas para a exposição da rede.

5.5.2 Aspectos de segurança das interfaces baseadas em serviços

As interfaces baseadas em serviços são um novo princípio de conceção nas redes 3GPP, introduzido com a 5G. Por conseguinte, o 3GPP também definiu novas características de segurança para acomodar o novo tipo de interacções entre entidades da rede de base. Por exemplo, quando um consumidor de um serviço NF pretende aceder a um serviço prestado por um produtor de um serviço NF, o 5GS oferece suporte para autenticar e autorizar o consumidor antes de conceder acesso ao serviço NF. Estas características são opcionais numa PLMN e um operador pode decidir confiar, por exemplo, na segurança física em vez de implementar o quadro de autenticação/autorização para os serviços NF. A seguir, descrevemos em alto nível as características gerais de segurança das interfaces baseadas em serviços, incluindo o suporte de autenticação e autorização. Para proteger as interfaces baseadas em serviços, todas as funções de rede devem suportar TLS.

O TLS pode então ser utilizado para proteção do transporte numa PLMN, a menos que o operador implemente a segurança da rede por outros meios. No entanto, a utilização do TLS é opcional e, em alternativa, um operador pode, por exemplo, utilizar a segurança do domínio da rede (NDS/IP) numa PLMN, descrita mais pormenorizadamente na secção 8.4.4. O operador pode também decidir não utilizar qualquer proteção criptográfica na PLMN, caso as interfaces sejam consideradas fiáveis, por exemplo, se forem interfaces internas do operador fisicamente protegidas. A autenticação entre funções de rede numa PLMN também é suportada, mas o método depende do modo como as ligações são protegidas. Se o operador utilizar a proteção na camada de transporte com base no TLS, como acima referido, a autenticação baseada em certificados que é fornecida pelo TLS é utilizada para a autenticação entre as NF. Se, no entanto, a PLMN não utilizar a proteção da camada de transporte baseada no TLS, a autenticação entre os NF de uma PLMN pode ser considerada implícita através da utilização do NDS/IP ou da segurança física das ligações.

Para além da autenticação entre as NF, o lado do servidor de uma interface baseada em serviços também tem de autorizar o cliente a aceder a um determinado serviço das NF. O quadro de autorização utiliza o quadro OAuth 2.0, tal como especificado no RFC 6749 (RFC 6749). A estrutura OAuth 2.0 é um protocolo de autorização padrão da indústria desenvolvido pela IETF. Suporta uma estrutura baseada em token na qual um consumidor de serviços obtém um token de um servidor de autorização. Este token pode então ser

utilizado para aceder a um serviço específico num produtor de serviços NF. No 5GS, é a NRF que actua como servidor de autorização OAuth 2.0 e um consumidor de serviços NF solicitará tokens à NRF quando pretender aceder a um determinado serviço NF. A NRF pode autorizar o pedido do consumidor do serviço NF e fornecer-lhe um token. O token é específico de um determinado produtor de serviço NF. Quando o consumidor do serviço NF tenta aceder ao serviço NF no produtor do serviço NF, o consumidor do serviço NF fornece o token no pedido. O produtor do Serviço NF verifica a validade (integridade) do token utilizando a chave pública da NRF ou uma chave partilhada, dependendo do tipo de chaves que foram implementadas para o OAuth
2.0. Se a verificação for bem sucedida, o produtor do serviço NF executa o serviço solicitado e responde ao consumidor do serviço NF.

O quadro acima descrito é o quadro geral quando uma NF acede a serviços produzidos por qualquer outra NF. No entanto, a NRF é, neste caso, um produtor de serviços NF algo especial, uma vez que é a NRF que fornece serviços para a descoberta de NF, descoberta de serviços NF, registo de NF, registo de serviços NF e serviços de pedido de token OAuth 2.0, ou seja, serviços que suportam o quadro geral baseado em serviços. Quando uma NF pretende consumir serviços NRF (ou seja, registar, descobrir ou pedir um token de acesso), aplicam-se também as características gerais acima referidas para a segurança do transporte (com base em TLS) e a autenticação (com base em TLS ou autenticação implícita). No entanto, o token de acesso OAuth 2.0 para autorização entre a NF e a NRF não é necessário. Em vez disso, a NRF autoriza o pedido com base no perfil do serviço NF/NF esperado e no tipo de consumidor do serviço NF. A NRF determina se o consumidor do serviço NF pode descobrir a(s) instância(s) NF esperada(s) com base no perfil do serviço NF/NF de destino e no tipo do consumidor do serviço NF. Quando se aplica o fatiamento da rede, a NRF autoriza o pedido de acordo com a configuração do Network Slice, por exemplo, de modo que a(s) instância(s) NF esperada(s) só possa(m) ser descoberta(s) por outras NFs no mesmo slice da rede.

5.5.3 Interfaces baseadas em serviços entre PLMNs em roaming

A interconexão da rede Internet permite a comunicação segura entre os NF que consomem e os NF que produzem serviços em diferentes PLMN. A segurança é activada pelos Security Edge Protection Proxies (SEPP) de ambas as redes, ou seja, o(s) SEPP(s) de cada PLMN.

Os SEPPs aplicam políticas de proteção relativas à segurança da camada de aplicação, assegurando assim a proteção da integridade e da confidencialidade dos elementos a proteger. Os SEPP permitem também a ocultação da topologia para evitar que a topologia da rede interna seja revelada a redes externas. Entre as PLMN com acordos de itinerância existe, na maioria dos casos, uma rede intermédia que fornece serviços de mediação entre PLMN, a chamada troca de IP em itinerância ou IPX. O IPX proporciona assim a interligação entre diferentes operadores. Cada PLMN tem uma relação comercial com um ou mais fornecedores de IPX. Na maioria dos casos, haverá assim um ou mais fornecedores de interligação entre SEPPs nas duas PLMNs. O fornecedor de interligação pode ter as suas próprias entidades/proxies no IPX, que aplicam determinadas restrições e políticas ao fornecedor de IPX. A Fig. 5.3 mostra um exemplo de uma PLMN de serviço em que uma NF pretende aceder a um serviço produzido por uma NF numa PLMN de origem. O PLMN de serviço tem um SEPP de consumidor (cSEPP) e o PLMN de origem tem um SEPP de produtor (pSEPP). Cada PLMN tem uma relação comercial com um operador IPX.

O operador do cSEPP tem uma relação comercial com um fornecedor de interconexão (IPX do consumidor, ou cIPX), enquanto o operador do pSEPP tem uma relação comercial com um fornecedor de interconexão (IPX do produtor, ou pIPX). Entre o cIPX e o pIPX podem existir outros fornecedores de interligação, mas tal não é aqui indicado.

Os operadores de interligação (pIPX e cIPX na figura) podem modificar as mensagens trocadas entre as PLMN para fornecer serviços de mediação, por exemplo, para fornecer serviços de valor acrescentado aos parceiros de itinerância. Se houver entidades IPX entre SEPPs que queiram inspecionar ou modificar uma mensagem, o TLS não pode ser utilizado na N32, uma vez que se trata de uma proteção da rede de transporte que não permite que os intermediários examinem ou modifiquem uma mensagem. Em vez disso, é necessário utilizar a segurança da camada de aplicação para proteção entre as SEPP. A segurança da camada de aplicação significa que a mensagem é protegida dentro do corpo do HTTP/2, o que permite que alguns elementos de informação da mensagem sejam cifrados enquanto outros elementos de informação são enviados em texto claro. Os elementos de informação que um fornecedor de IPX tem razões para inspecionar seriam enviados em texto claro, enquanto outros elementos de informação, que não devem ser revelados a entidades intermédias, são encriptados. A utilização da segurança da camada de aplicação também permite que uma entidade intermédia modifique a mensagem.

Os SEPP utilizam a JSON Web Encryption (JWE, especificada no RFC 7516) para proteger as mensagens na interface N32, e os fornecedores de IPX utilizam as JSON Web Signatures (JWS, especificadas no RFC 7515) para assinar as modificações necessárias aos seus serviços de mediação. Note-se que, mesmo que o TLS não seja utilizado para proteger as mensagens NF-a-NF transportadas entre dois SEPP neste caso, os dois SEPP continuam a estabelecer uma ligação TLS para negociar os parâmetros de configuração da segurança da camada de aplicação.

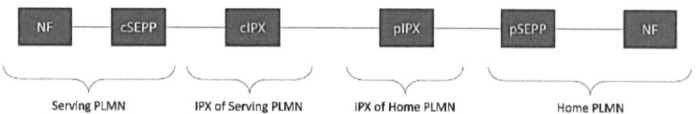

Fig. 5.3 Visão geral da segurança entre PLMNs (N32).

Se não existirem entidades IPX entre os SEPP, o TLS é utilizado para proteger as mensagens NF-a-NF transportadas pelos dois SEPP. Neste caso, não é necessário examinar o interior das mensagens ou modificar qualquer parte da mensagem transportada entre os SEPPs.

5.5.4 Segurança do domínio da rede para comunicações baseadas no IP

As especificações sobre a forma de proteger o tráfego geral do plano de controlo baseado em IP são designadas Network Domain Security for IP-based Control Planes (NDS/IP) e estão disponíveis na 3GPP TS 33.210. Esta especificação foi originalmente desenvolvida para a 3G e evoluiu para a 4G de modo a abranger principalmente o tráfego do plano de controlo baseado em IP (por exemplo, Diameter e GTP-C). No entanto, é também aplicável às redes 5G para proporcionar proteção ao nível da rede. O NDS/IP baseia-se no IKEv2/IPSec e é, por conseguinte, aplicável a qualquer tipo de tráfego IP, incluindo o HTTP/2 utilizado com o 5GS.

O NDS/IP utiliza o conceito de domínios de segurança. Os domínios de segurança são redes geridas por uma única autoridade administrativa. Por conseguinte, espera-se que o nível de segurança e os serviços de segurança disponíveis sejam os mesmos num domínio de segurança. Um exemplo de domínio de segurança poderia ser a rede de um único operador de telecomunicações, mas também é possível que um único operador divida a sua rede em vários domínios de segurança. Na fronteira dos domínios de segurança, o operador de rede coloca Security Gateways (SEGs) para proteger o tráfego do plano de controlo que entra e sai do domínio. Todo o tráfego NDS/IP das entidades de rede de um domínio de segurança é encaminhado através de um SEG antes de sair desse domínio para outro domínio de segurança. O tráfego entre os SEG é protegido por IPsec ou, mais exatamente, por IPsec Encapsulated Security Payload (ESP) em modo túnel. O protocolo Internet Key Exchange (IKE) versão 2, IKEv2, é utilizado entre os SEG para estabelecer as associações de segurança IPsec.

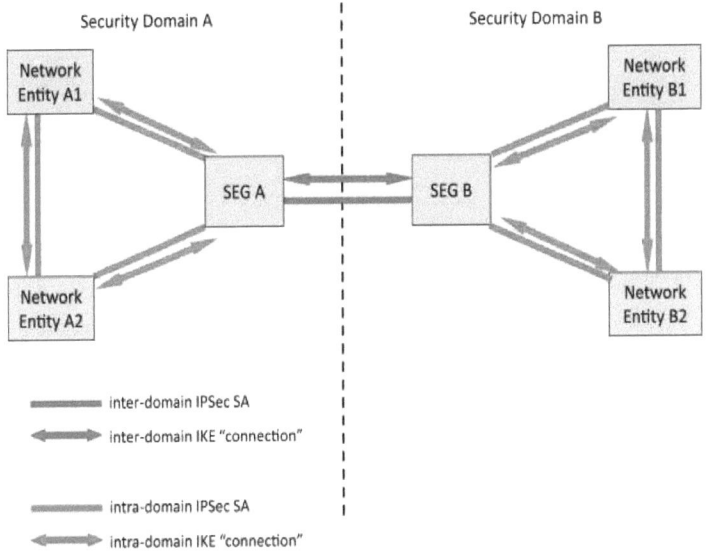

Fig. 5.4 Exemplo de dois domínios de segurança com NDS/IP.

Embora o NDS/IP tenha sido inicialmente concebido para proteger apenas a sinalização do plano de controlo, é possível utilizar mecanismos semelhantes para proteger o tráfego do plano do utilizador. Além disso, dentro de um domínio de segurança - ou seja, entre diferentes entidades de rede ou entre uma entidade de rede e um SEG - o operador pode optar por proteger o tráfego utilizando IPsec. O caminho fim-a-fim entre duas entidades de rede em dois domínios de segurança é assim protegido de forma hop-by-hop.

5.5.5 Aspectos de segurança das interfaces N2 e N3

O N2 é o ponto de referência entre o AMF e a 5G-AN. É utilizado, entre outras coisas, para transportar o tráfego de sinalização NAS entre a UE e a AMF através de acessos 3GPP e não-3GPP. N3 é o ponto de referência entre a 5G-AN e a UPF. É utilizado para transportar os dados do plano do utilizador com túnel GTP da UE para a UPF. A proteção de N2 e N3 com recurso a soluções criptográficas entre o gNB e o 5GC é importante em determinadas implantações, por exemplo, se não se puder presumir que a ligação ao gNB é fisicamente segura. Trata-se, no entanto, de uma decisão do operador. Caso o gNB tenha sido colocado num ambiente fisicamente seguro, então o "ambiente seguro" inclui outros nós e ligações para além do gNB.

Para proteger os pontos de referência N2 e N3 utilizando uma solução criptográfica, a norma exige que se utilize a autenticação IPsec ESP e IKEv2 baseada em certificados entre o gNB e o 5GC. No lado da rede de base, pode ser utilizado um SEG (tal como descrito para o NDS/IP) para terminar o túnel IPsec. Isto proporciona integridade, confidencialidade e proteção contra repetição para o transporte de dados do plano de controlo através da N2. Para a interface N2, como alternativa ao IPSec, a norma também permite que o DTLS seja utilizado para fornecer proteção da integridade, proteção contra a repetição e proteção da confidencialidade. A utilização da segurança da camada de transporte através do DTLS não exclui, contudo, a utilização da proteção da camada de rede de acordo com o NDS/IP. De facto, o IPsec tem a vantagem de permitir a ocultação da topologia.

5.5.6 Aspectos de segurança da exposição da rede/NEF

As NF podem expor capacidades e eventos a funções de aplicação de terceiros através da NEF. Esta exposição inclui a monitorização de eventos por uma AF externa, bem como o fornecimento de informações sobre a sessão para efeitos de política e de tarifação. A NEF também suporta o fornecimento de informações ao 5GS, permitindo que uma parte externa, por exemplo, forneça informações comportamentais previstas do UE ao 5G (por exemplo, padrões de mobilidade) ou influencie o encaminhamento do tráfego para casos de utilização de computação periférica. Para garantir uma exposição segura das capacidades do 5GS e o fornecimento de informações, estas funcionalidades só devem ser fornecidas aos AF que tenham sido devidamente autenticados e autorizados, quer através de procedimentos explícitos, quer implicitamente, no caso de o AF ser de confiança como parte da implantação da rede.

Para a autenticação entre o NEF e uma Função de Aplicação que reside fora do domínio do operador 3GPP, a autenticação mútua baseada em certificados de cliente e de servidor deve ser efectuada entre o NEF e a AF utilizando TLS. O TLS é também utilizado para fornecer proteção à interface entre o NEF e a função de aplicação. Após a autenticação, o NEF determina se a função de aplicação está autorizada a enviar pedidos.

5.6 Segurança do domínio do utilizador

A segurança do domínio do utilizador inclui o conjunto de características de segurança que protegem o acesso do utilizador ao dispositivo móvel. A caraterística de segurança mais comum neste contexto de domínio do utilizador é o acesso seguro ao USIM. O acesso ao USIM será bloqueado até que o USIM tenha autenticado o utilizador. Neste caso, a autenticação baseia-se num segredo partilhado (o código PIN) que é armazenado no interior do USIM. Quando o utilizador introduz o código PIN no terminal, este é transmitido ao USIM. Se o utilizador tiver fornecido o código PIN correto, o USIM permite o acesso do terminal/utilizador, por exemplo, para realizar a autenticação de acesso baseada em AKA.

Eis os principais aspectos da segurança do domínio do utilizador em 5G:

1. **Autenticação do utilizador:** Métodos de autenticação fortes, como a biometria,
Os PIN, ou certificados digitais, são utilizados para verificar a identidade dos utilizadores antes de conceder acesso à rede ou a serviços específicos.

2. **Integração segura:** Os novos dispositivos são ligados de forma segura à rede 5G, garantindo a sua autenticidade e integridade antes de permitir o acesso.

3. **Segurança do dispositivo:** Os dispositivos dos utilizadores, como smartphones e dispositivos IoT, estão protegidos contra acesso não autorizado e malware através de processos de arranque seguros e autenticação de dispositivos.

4. **Comunicação segura:** Os protocolos de encriptação, como o TLS (Transport Layer Security), são utilizados para proteger os dados em trânsito, assegurando que as comunicações dos utilizadores são privadas e estão protegidas contra escutas.

5. **Controlo de acesso:** O acesso a recursos e serviços específicos é gerido e controlado com base nos níveis de autorização, funções e permissões dos utilizadores.

6. **Privacidade do utilizador:** A privacidade dos dados do utilizador é uma das principais preocupações e estão em vigor medidas para proteger os dados do utilizador, muitas vezes seguindo tecnologias de preservação da privacidade e regulamentos de proteção de dados.

7. **Segurança das aplicações:** As aplicações e os serviços a que os utilizadores acedem são protegidos através de auditorias de segurança regulares e de actualizações para resolver vulnerabilidades.

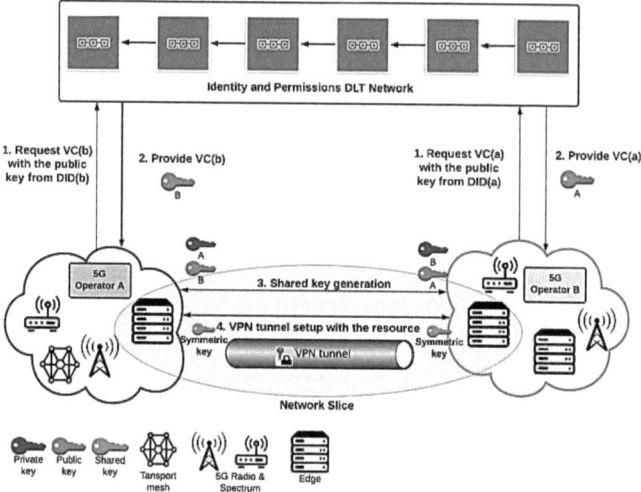

Fig. 5.5: Segurança do domínio do utilizador

8. **Segurança dos pontos terminais:** Os dispositivos dos utilizadores e os terminais estão protegidos contra ameaças através de software e políticas de segurança que detectam e reduzem os potenciais riscos.

9. **Proteção da identidade do utilizador:** Estão em vigor medidas para proteger as identidades dos utilizadores contra roubo ou utilização não autorizada, o que é crucial para evitar fraudes relacionadas com a identidade.

10. **Sensibilização e educação dos utilizadores:** Os utilizadores são informados sobre as melhores práticas para manter a segurança, incluindo a utilização de palavras-passe fortes e hábitos de navegação seguros.

A presente subsecção aborda este aspeto de forma breve e de alto nível para completar as funcionalidades globais do 5GS; pretende ser uma descrição das normas 3GPP LI e não de qualquer função implementada em qualquer dos nós dos fornecedores. A função LI não impõe requisitos sobre a forma como um sistema deve ser construído, mas exige que sejam tomadas disposições para que as autoridades legais possam obter as informações necessárias das redes através de meios legais, de acordo com requisitos de segurança específicos, sem perturbar o modo normal de funcionamento e sem pôr em causa a privacidade das comunicações que não devem ser interceptadas. Note-se que as funções de IL devem funcionar sem serem detectadas pela(s) pessoa(s) cuja informação está a ser interceptada e por outra(s) pessoa(s) não autorizada(s). Uma vez que esta é a prática padrão para quaisquer redes de comunicações já em funcionamento em todo o mundo, o 5GS não é exceção. O processo de recolha de informações é efectuado através da adição de funções específicas nas entidades de rede, em que determinadas condições de desencadeamento farão com que estes elementos de rede enviem dados de forma segura para outra(s) entidade(s) de rede específica(s) responsável(eis) por essa função. Além disso, entidades específicas asseguram a administração e a entrega dos dados interceptados às autoridades responsáveis pela aplicação da lei no formato exigido. É de notar que o 3GPP dedica um grande esforço para garantir que, quando é exigida a conformidade com a regulamentação da LI, o sistema é concebido para fornecer a quantidade mínima de informação suficiente para atingir a conformidade, e não mais.

A título de exemplo, a Fig. 5.6 (adaptada da TS 33.127 do 3GPP) apresenta uma visão simplificada da arquitetura LI para o sistema 5G. As funções relacionadas com o LI mostradas na figura são:

- Agência de Aplicação da Lei (LEA), que, em geral, é a que apresenta o mandado ao Prestador de Serviços. Nalguns países, o mandado pode ser emitido por uma entidade jurídica diferente (por exemplo, o sistema judicial).

- A função de administração (ADMF), responsável pela gestão global do sistema LI. A ADMF utiliza a interface LI_X1 com os NF 5GC para gerir a funcionalidade LI.

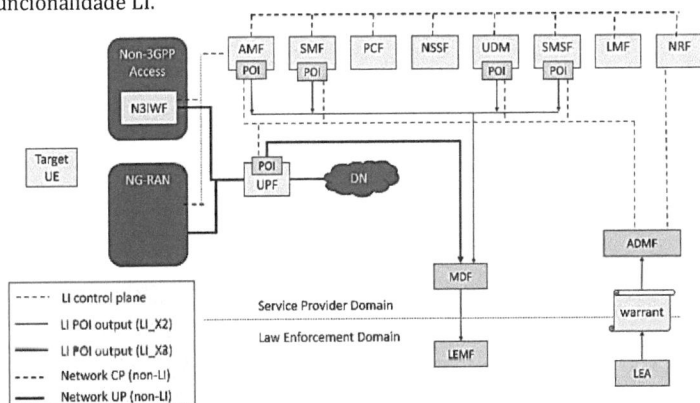

Fig. 5.6 Arquitetura de alto nível da IL.

- O ponto de interceção (POI) é a funcionalidade que detecta a comunicação-alvo, obtém as informações relacionadas com a interceção ou o conteúdo das comunicações a partir das comunicações-alvo e fornece o resultado ao MDF. O POI está localizado nas NFs 5G pertinentes. A PDI utiliza as interfaces LI_X2 e LI_X3 para fornecer o produto de interceção.

- A função de mediação e entrega (MDF) entrega os relatórios de interceção ao dispositivo de controlo da aplicação da lei (LEMF)

- O dispositivo de controlo da aplicação da lei (LEMF) é a entidade que recebe o produto de interceção. O LEMF não é especificado pelo 3GPP.

As informações relacionadas com a interceção (também designadas por eventos) são desencadeadas por actividades detectadas no elemento da rede. Alguns eventos aplicáveis ao AMF são:

- Registo.
- Cancelamento do registo.
- Atualização da localização.
- Início da interceção com um UE já registado.
- Tentativa de comunicação sem sucesso.

Os eventos aplicáveis ao SMF incluem:
- PDU Estabelecimento de sessão.
- PDU Modificação da sessão.
- Libertação da sessão PDU.
- Início da interceção com uma sessão PDU estabelecida.

Dependendo da regulamentação nacional, as informações relacionadas com a interceção recolhidas podem também ser comunicadas pelo UDM. Esta breve panorâmica representa as funções de alto nível suportadas no 5GS para cumprir os requisitos de LI. A interceção legal, enquanto tal, não está diretamente relacionada com os aspectos gerais da arquitetura do novo sistema, pelo que esta panorâmica é incluída principalmente para fins de exaustividade. Não mostra, de forma alguma, todas as possibilidades ou aspectos desta função e o 3GPP não abrange os aspectos éticos importantes quando se fornecem funções tão sensíveis.

5.7 Quadro de QoS baseado em fluxos

O QFI é transportado num cabeçalho de encapsulamento (GTP-U) em N3 (e N9), ou seja, sem qualquer alteração do cabeçalho do pacote de extremo a extremo. Os pacotes de dados marcados com o mesmo QFI recebem o mesmo tratamento de encaminhamento de tráfego (por exemplo, agendamento, limiar de admissão). Os fluxos de QoS podem ser fluxos de QoS GBR, ou seja, que exigem uma taxa de bits de fluxo garantida, ou fluxos de QoS que não exigem uma taxa de bits de fluxo garantida (fluxos de QoS não-GBR).

A Fig. 5.7 ilustra o processo de classificação e o encaminhamento diferenciado de pacotes fornecido pela NG-RAN de pacotes de dados em DL (ou seja, pacotes que chegam à UPF e passam em direção à UE) e pacotes de dados em UL (ou seja, pacotes gerados pela UE, por exemplo, na camada de aplicação, que são enviados para a rede). Os pacotes de dados são apresentados como pacotes IP, mas os mesmos princípios podem ser aplicados aos quadros Ethernet.

Na DL, os pacotes de dados são comparados na UPF com as regras de deteção de pacotes (PDR), instaladas pelo SMF, para classificar os pacotes de dados (por exemplo, em relação aos filtros de 5 tuplos IP na PDR). Cada PDR é então associada a uma ou mais regras de aplicação da QoS (QER) que contêm informações sobre como aplicar, por exemplo, taxas de bits. O QER também contém o valor QFI a ser adicionado ao cabeçalho GTP-U (cabeçalho de encapsulamento N3).

Neste exemplo, os pacotes de dados de cinco fluxos IP são classificados em três fluxos de QoS e depois enviados para a 5G-AN (neste caso, NG-RAN) através do túnel NG-U (ou seja, túnel N3). A NG-RAN, com base na marcação QFI e no correspondente perfil QoS por QFI recebido, por exemplo, durante o estabelecimento da sessão PDU, decide como mapear os fluxos QoS para DRBs. O protocolo de adaptação de dados de serviço (SDAP), especificado na TS 37.324 do 3GPP, é utilizado para permitir a multiplexagem se for enviado mais de um fluxo de QoS numa DRB, ou seja, se a NG-RAN decidir configurar uma DRB por QFI, a camada SDAP não é necessária. A menos que seja utilizada a QoS reflexiva. Nesse caso, é utilizado o SDAP, ver 3GPP TS 38.300. Para o QFI 5, a NG-RAN decide utilizar uma DRB dedicada, mas o QFI2 e o QFI3 são multiplexados na mesma DRB. Quando há SDAP configurado, é adicionado um cabeçalho SDAP ao PDCP, ou seja, é adicionado algum overhead aos pacotes de dados, e o SDAP é utilizado para o mapeamento do fluxo QoS para a DRB. O mapeamento do fluxo de QoS para a DRB também pode ser definido utilizando a configuração RRCre, caso em que uma lista de valores QFI pode ser mapeada para uma DRB. A NG-RAN envia então os pacotes de dados utilizando as DRBs em direção à UE. A camada SDAP da UE mantém quaisquer regras de mapeamento QFI para DRB e os pacotes de dados são encaminhados internamente para as interfaces de tomada da camada de aplicação na UE sem quaisquer extensões específicas 3GPP, por exemplo, como pacotes IP.

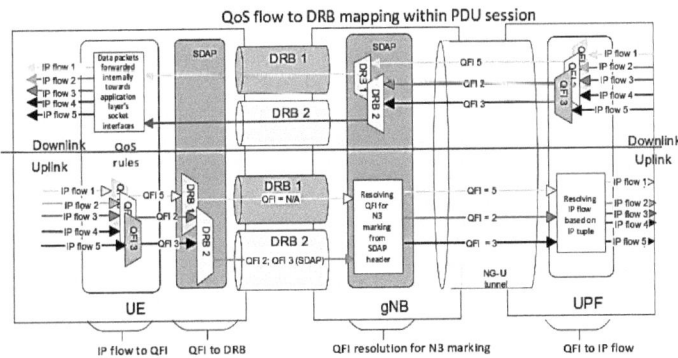

Fig. 5.7 Mapeamento do fluxo de QoS para DRB.

Na UL, a camada de aplicação da UE gera pacotes de dados que, em primeiro lugar, são comparados com o conjunto de filtros de pacotes instalados a partir dos conjuntos de filtros de pacotes na UE. Os Packet Filter Sets são verificados por ordem de precedência e, quando é encontrada uma correspondência, é atribuído um QFI ao pacote de dados. O QFI atribuído e o pacote de dados são enviados para a camada SDAP do estrato de acesso (AS) da UE, que efectua um mapeamento QFI para DRB utilizando as regras de mapeamento disponíveis. Quando é encontrada uma correspondência, o pacote de dados é enviado para a DRB correspondente e, se não houver correspondência, o pacote de dados é enviado para a DRB predefinida e o cabeçalho SDAP indica o QFI, de modo a que a NG-RAN possa decidir se deve mover o QFI para outra DRB. É opcional configurar uma DRB predefinida, mas o 5GC pode fornecer informações adicionais sobre o fluxo de QoS, indicando que um fluxo de QoS não-GBR é susceptível de aparecer mais frequentemente do que o tráfego para outros fluxos de QoS estabelecidos para a sessão PDU e que esses fluxos de QoS podem ser mais eficientes se forem enviados sem qualquer cabeçalho SDAP, por exemplo, na DRB predefinida. Na Fig. 5.7, o QFI 5 é enviado na DRB1, mas como é o único fluxo de QoS não há necessidade de incluir qualquer cabeçalho SDAP, enquanto os fluxos de QoS 2 e 3 são enviados na DRB2 com o cabeçalho SDAP indicando o QFI do pacote de dados. A NG-RAN utiliza as informações disponíveis para decidir como marcar o cabeçalho N3 de cada pacote de dados e encaminha o pacote de dados para a UPF. A UPF resolve os pacotes de dados em fluxos IP e também efectua qualquer policiamento da taxa de bits e outras lógicas, de acordo com as várias regras N4 fornecidas pelo SMF, por exemplo, contagem.

5.8 Atenuação das ameaças na rede 5G

5.8.1 Proteção da infraestrutura do MEC

O MEC é uma das entidades vulneráveis numa rede 5G, uma vez que é implementado no limite da rede. O risco pode ser minimizado através da implementação de software de proteção de endpoints no anfitrião MEC. As aplicações e os serviços MEC podem ser protegidos e assegurados através da configuração e aplicação de políticas específicas para aplicações ou serviços. Por exemplo, configurar o controlo de acesso baseado em funções para os administradores que gerem as aplicações e serviços MEC.

Além disso, implementar o controlo para proporcionar uma maior visibilidade das aplicações MEC, dos serviços MEC e dos componentes da infraestrutura MEC. Por exemplo, manter um registo das actividades de vários administradores com sessão iniciada, recolha da utilização dos recursos do sistema e instantâneos do desempenho do sistema em vários intervalos de tempo, etc., Como o MEC está aberto a vários terceiros para executarem as suas próprias aplicações personalizadas, é melhor instalar firewalls para proteção

DDOS, proteção contra malware e proteção API.

5.8.2 Proteger a rede principal

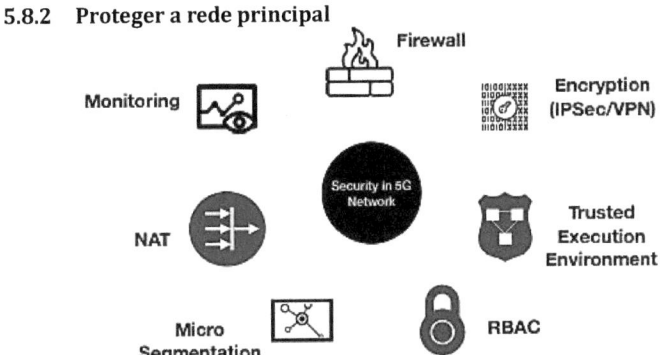

Fig 5.8 - PROTEGER A REDE DE BASE

A rede central pode ser protegida através de vários mecanismos. A micro segmentação é uma das tendências emergentes no panorama da segurança. A micro segmentação ajuda a proteger a rede central, permitindo que os administradores controlem a comunicação entre os diferentes componentes da rede central. A micro-segmentação permite que as políticas sejam configuradas a diferentes níveis, como o nível da máquina virtual (VM), o nível do sistema operativo (SO), o nível da aplicação e o nível do fluxo.

Os dados trocados através da rede podem ser protegidos através da encriptação de dados utilizando métodos tradicionais como o IPSEC e a VPN. A NAT permite aos administradores de rede isolar redes internas seleccionadas e impede o acesso a essas redes a partir do mundo exterior. Os administradores de rede podem implementar funções CGNAT (Carrier Grade NAT) para isolar redes.

Além disso, os fornecedores de serviços podem implantar firewalls para proteger a rede e implementar a monitorização das funções da rede principal de ponta a ponta.

5.8.3 Proteger a infraestrutura virtualizada

O 5G traz uma complexidade adicional para as equipas de operações, na implementação, gestão e segurança da infraestrutura de rede - uma vez que vários componentes 5G são implementados numa infraestrutura virtualizada. Para proteger as Funções de Rede Virtualizadas (VNFs), os fornecedores de serviços têm de ativar as funcionalidades de segurança ao nível do DNS para bloquear o acesso à rede de domínios e locutores mal intencionados.

As equipas de operações de rede devem implementar software de segurança que bloqueie VNFs comprometidos, impeça o salto de VM e bloqueie pacotes de imagens de contentores com vulnerabilidades. Além disso, os componentes da Infraestrutura Virtualizada devem ser continuamente monitorizados para maior proteção.

5.8.4 Proteção dos dispositivos CPE e Small Cell

No 5G, vários equipamentos, como o Customer Premise Equipment (CPE) e as Small Cells, são implantados mais perto do utilizador ou nas suas instalações. Nesses casos, a encriptação de dados sensíveis armazenados em localizações físicas não seguras é uma necessidade. Todos os dispositivos CPE ou Small Cell que se ligam à rede 5G do fornecedor de serviços devem validar criptograficamente o firmware e os pacotes de software no momento do arranque. Quando são detectados pacotes de software vulneráveis, as equipas de segurança devem ser alertadas e o software deve ser revertido para uma versão fiável. Os dispositivos podem fornecer um ambiente executivo fiável (TEE) para isolar as aplicações residentes nos dispositivos, tirando partido das capacidades do hardware. Cada dispositivo que se liga à rede deve autenticar-se a si próprio no momento da ligação à rede. Isto pode ser conseguido através da autenticação baseada em certificados. Os fornecedores de serviços podem pré-fornecer as credenciais do dispositivo no certificado e instalá-las no dispositivo, antes de o enviar para o terreno.

Além disso, a localização do dispositivo pode ser continuamente monitorizada através da incorporação de um chipset GPS no dispositivo. A localização do dispositivo pode ser validada durante o processo de estabelecimento da ligação.

5.8.5 Principais riscos de segurança para as redes 5G

Lidar com o risco de cibersegurança é um desafio que se coloca em todos os aspectos da infraestrutura de TI. No entanto, o cenário de ameaças modifica-se um pouco quando se trata de redes 5G. As redes 5G introduzem novos riscos de segurança, bem como agravam os já existentes. A maior complexidade e interconexão das redes 5G criam mais oportunidades para os atacantes explorarem vulnerabilidades.

Eis alguns dos principais riscos de segurança para o 5G:

1. **Ataques de negação de serviço (DoS)**: As redes 5G são mais vulneráveis a ataques DoS, que podem sobrecarregar uma rede com um fluxo de tráfego e torná-la indisponível para utilizadores legítimos. Isto pode ser particularmente perturbador em infra-estruturas críticas, como hospitais e centrais eléctricas.

2. Escutas: As redes 5G utilizam uma encriptação mais avançada do que as gerações anteriores de redes celulares, mas continuam a introduzir novas oportunidades de escutas. Por exemplo, os atacantes podem ser capazes de intercetar e desencriptar as comunicações entre as estações de base 5G e os dispositivos dos utilizadores.

3. Malware: espera-se que as redes 5G suportem uma vasta gama de dispositivos, incluindo dispositivos IoT, que são frequentemente menos seguros do que os dispositivos informáticos tradicionais. Isto cria oportunidades para os atacantes espalharem malware para estes dispositivos, comprometendo potencialmente a segurança de toda a rede.

4. Ataque à cadeia de abastecimento: As redes 5G são sistemas complexos construídos com componentes de uma vasta gama de fornecedores. Se um atacante conseguir comprometer um desses fornecedores, poderá introduzir vulnerabilidades na rede.

5. Configurações incorrectas: Como as redes 5G são complexas, é possível que os administradores de rede cometam erros ao configurá-las, criando vulnerabilidades que os atacantes podem explorar.

6. Ameaças internas: As redes 5G dependem de um grande número de dispositivos e ligações e utilizam protocolos mais complexos, o que pode dificultar a sua segurança. Este facto aumenta o risco de um intruso com intenções maliciosas poder explorar vulnerabilidades na rede.

7. Falta de normalização: Como a tecnologia 5G é relativamente nova, ainda há uma falta de padronização em termos de protocolos de segurança. Isto pode tornar difícil para os operadores de rede garantir que as suas redes são seguras, uma vez que podem não ser capazes de confiar em normas amplamente adoptadas.

8. Ciberespionagem: As redes 5G são também vulneráveis à ciberespionagem, uma vez que se espera que suportem uma vasta gama de casos de utilização, como a Internet das Coisas (IoT) e os veículos autónomos, o que pode aumentar ainda mais a superfície de ataque e um potencial ponto de entrada para os hackers.

9. Interoperabilidade: As redes 5G são concebidas para funcionar sem problemas com redes celulares mais antigas, o que pode criar oportunidades para os atacantes explorarem vulnerabilidades nessas redes mais antigas para comprometer a segurança da rede 5G.

Como atenuar os riscos de segurança 5G?

Para mitigar estes riscos, é essencial que os operadores de rede, os fornecedores e os reguladores trabalhem em conjunto para desenvolver e implementar medidas de segurança robustas para as redes 5G. Estas medidas podem incluir a implementação de processos de desenvolvimento de software seguro, a realização de avaliações de segurança regulares e a exigência de que os fornecedores divulguem as vulnerabilidades de segurança dos seus produtos.

Algumas coisas que podem ajudá-lo a mitigar o risco de cibersegurança associado ao 5G são:

- Implementação de processos seguros de desenvolvimento de software
- Realização de avaliações de segurança regulares
- Pedir aos fornecedores que revelem as vulnerabilidades de segurança dos seus produtos
- Implementação de protocolos de segurança robustos
- Utilizar soluções de segurança, como firewalls, sistemas de deteção de intrusão e encriptação
- Utilização de IA e ML
- Programas regulares de formação e sensibilização para os funcionários
- Melhor colaboração entre as equipas de segurança

Networks	Security Mechanisms	Security Challenges
1G	No privacy measures or explicit security	Eavesdropping, call interception
2G	Encryption-based protection and Authentication, anonymity	Radio link security, spamming, Fake base station and one way authentication
3G	Introduced AKA, secure access to network, adopted the 2G security, and 2 way authentication	Encryption keys security, IP(Internet protocol) traffic security vulnerabilities and roaming security
4G	Introduced EPS-AKA and trust mechanisms, integrity protection, 3GPP and encryption keys security	Increased IP traffic induced security on long term keys. Make it unsuitable for security of massive IoT

Tabela 5.1. Panorâmica da segurança 1G a 4G.

Começando pelas redes móveis de primeira geração, que apresentavam problemas de segurança como a mascarada, a clonagem de utilizadores e a interceção ilegal, Wey et al. (1995), como mostra o quadro 1, seguindo-se as redes de segunda geração (2G), que enfrentavam problemas de bombardeamento de informações falsas, juntamente com o envio de mensagens de spam através de ataques generalizados e a transmissão de informações redundantes. No entanto, as redes 3G enfrentaram o principal problema, devido ao facto de o serviço baseado no IP ter permitido que os problemas de segurança da Internet entrassem nas redes móveis. Este problema continua a aumentar na Quarta Geração (4G), uma vez que a utilização de dispositivos baseados no IP aumenta com o tempo Ahmad et al. (2017). Além disso, na quinta geração (5G), a utilização de dispositivos IoT está a aumentar, devido à sua disponibilidade em quase todos os locais possíveis, quer se trate de uma escola, de um hospital ou de uma casa, a amálgama de dispositivos e serviços está a aumentar, convidando a mais preocupações de segurança. As soluções que foram utilizadas até às redes 5G não são suficientes para responder às necessidades de sistemas e redes mais avançados. A rede em constante mudança está a exigir agora soluções mais dinâmicas Noohani e Magsi (2008). As redes 6G são mais avançadas em comparação com as redes 5G Tariq et al. (2019), o que exigiu uma plataforma mais segura e protegida para se nivelar. Por exemplo, o multi-tenancy e a virtualização, as mesmas redes móveis são partilhadas por diferentes serviços, não estavam presentes nas redes anteriores. A latência da autenticação nos UAV e a comunicação veicular não eram latências exigentes. Em suma, as anteriores arquitecturas de segurança de rede não eram tão fortes como as necessárias na era 5G ou pós-era. Além disso, existem muitos conceitos e soluções novos que podem ser utilizados. Por exemplo, os conceitos de SDN Hu et al. (2014): Permite a softwarização das funções de rede (proporciona redes mais flexíveis e fácil portabilidade) através da separação dos planos de encaminhamento de dados e de controlo da rede.

Cloud Computing Rost et al. (2014): uma forma eficaz de manter dados, serviços e aplicações sem possuir qualquer infraestrutura. Network Function Virtualization (NFV)Han et al. (2015): Coloca inúmeras funções de rede em áreas de rede separadas e erradica a necessidade de hardware ou funções específicas do serviço.

Todas estas tecnologias estão a funcionar em termos de custos e eficiência. Apesar disso, todas estas tecnologias mencionadas têm os seus problemas de segurança. Tal como a Entidade de Gestão da Mobilidade (MME) e o Servidor de Assinante Doméstico (HSS), que possuem informações pessoais, de faturação e outras, o facto de funcionarem em nuvens torná-los-á vulneráveis em caso de violação da segurança.

Do mesmo modo, a SDN amalgama a lógica de controlo da rede em controladores SDN, que permanecem em maior risco de serem atacados por hackers através de ataques de exaustão de recursos ou de negação de serviço (DoS). O mesmo poderia acontecer com as NFV conhecidas como hipervisores. Assim, para fornecer uma rede mais segura em 6G, é necessário destacar as deficiências destas tecnologias e encontrar possíveis soluções para as mesmas.

Respostas à pergunta de dois pontos

1. **Quais são os requisitos do sistema?**

Ao conceber o sistema 5G, o 3GPP acordou em requisitos gerais de segurança, como o sistema de apoio, por exemplo, à autenticação e autorização dos assinantes, a utilização de cifragem e a proteção da integridade entre o UE e a rede, etc., para a norma SG.

2. **Quais são os inconvenientes da utilização da mesma chave em sistemas criptográficos?**

- Um atacante que consiga recuperar a chave de cifra através da quebra, ou seja, do algoritmo de cifra, aprenderia ao mesmo tempo a chave utilizada também para a autenticação e a proteção da integridade.
- As chaves utilizadas num acesso não devem ser as mesmas que as utilizadas noutro acesso.
- As chaves recuperadas por um atacante num acesso com características de segurança fracas podem ser reutilizadas para quebrar acessos com características de segurança mais fortes. A fragilidade de um algoritmo ou acesso propaga-se assim a outros procedimentos ou acessos.

3. **Definir proteção da privacidade.**

- Estão disponíveis protecções de privacidade para garantir que as informações sobre um assinante não ficam disponíveis para outros. @BULL = Pode incluir mecanismos para garantir que a identificação permanente do utilizador não seja enviada em texto claro através da ligação aérea.
- Se a informação for enviada claramente pelo ar, isso significaria que um espião poderia detetar os movimentos e padrões de viagem de um utilizador.

4. **Enumerar os diferentes grupos ou domínios da arquitetura de segurança.**

1. Segurança do acesso à rede
2. Segurança do domínio de rede
3. Segurança do domínio do utilizador
4. Segurança do domínio da aplicação
5. Segurança do domínio SBA
6. Visibilidade e configurabilidade da segurança.

5. **Definir ARPF.**

O ARPF (Authentication credential Repository and Processing Function) contém as credenciais do assinante, ou seja, a(s) chave(s) de longo prazo, e o identificador de assinatura SUPI. A norma associa a ARPF à UDM NF, ou seja, os serviços ARPF são fornecidos através da UDM e não é definida uma interface aberta entre a UDM e a ARPF.

6. **Definir AUSF.**

A AUSF (AUthentication Server Function) é definida como uma NF autónoma na arquitetura 5GC, localizada na rede doméstica do assinante. É responsável pelo tratamento da autenticação na rede doméstica, com base nas informações recebidas do UE e do UDM/ARPF.

7. **Definir SEAF.**

A SEAF (SEcurity Anchor Function) é uma funcionalidade fornecida pela AMF e é responsável pelo tratamento da autenticação na rede de serviço (visitada), com base nas informações recebidas do UE e da AUSF.

8. **Definir SIDF**

A SIDF (Subscription Identifier De-concealing Function) é um serviço oferecido pela UDM NF na rede doméstica. É responsável pela resolução do SUPI a partir do SUCI.

MODELO DE PERGUNTA PAPEL-1

Parte A

1. Definir a unidade de banda base (BBU).
2. Enumerar os modos disponíveis na camada RLC.
3. Explicar o conceito de prefixo cíclico em OFDM.
4. Quais são as funções utilizadas na arquitetura da rede central 5G?
5. Enumerar as considerações de segurança necessárias para a arquitetura e o núcleo 5 G.
6. Vantagens dos níveis funcionais da MEC.
7. Definir ondas do multímetro.
8. Definir UAV.
9. Quais são os desafios da tecnologia 5G?
10. Quais são os diferentes grupos da arquitetura do domínio de segurança da norma 3GPP TS 33.5017?

Parte B

1. (a) Explicar em pormenor a evolução das redes de acesso via rádio.
(OR)
1. (b) Qual é a necessidade de 5G. Comparar e contrastar as tecnologias 4G e 5G.

2. (a) Explicar em pormenor a arquitetura da rede de base 5G.
(OR)
2. b) Explique em pormenor a arquitetura baseada em serviços 5GC (5G Core) com todas as ilustrações de serviços.

3) a) Explique em pormenor os protocolos 5G.
(OR)
3. b) Definir computação periférica multiacesso. Com um diagrama bem elaborado. Explicar em pormenor a arquitetura MEC.

4) a) Explicar em pormenor o que é a gestão da mobilidade 5G.
(OR)
4. b) Com um diagrama bem definido, explique a rádio cognitiva baseada na tecnologia 5G.

5) a) Explicar em pormenor a segurança do domínio da rede 5G.
(OR)
5. b) i) Explique em pormenor a QoS e a segurança no domínio do utilizador.
(ii) Explicar em pormenor as técnicas de autenticação primária baseadas em AKA 5G.

MODELO DE QUESTIONÁRIO - 2

Parte - A

1. Como é que a computação periférica desempenha um papel importante na tecnologia 5G.
2. Enumerar as vantagens da MMTel.
3. Ilustrar a resposta ao pedido - Serviço NF na arquitetura baseada no serviço 5GC.
4. Definir Network slicing.
5. Enumere as ameaças à segurança das SDN.
6. Definir NAS.
7. Quais são as partes da assistência 5GC para a otimização da RAN?
8. Definir CR
9. Definir o Vetor de Autenticação Transformado.
10. Definir separação de chaves.

Parte B

1. (a) Explique em pormenor a próxima geração (NG-Core) com a arquitetura básica.
(OR)
1. (b) Definir VEPC. Porque é que precisamos dele? Quem precisa dela? Explicar em pormenor os principais componentes da vEPC.

2. (a) Definir RATS. Com um diagrama de configuração bem definido. Explicar em pormenor as tecnologias de acesso via rádio.
(OR)
2. (b) Com um diagrama bem elaborado. Explicar em pormenor a arquitetura EPC 5G simplificada.

3. (a) Explicar em pormenor o que é o Slicing de rede.
(OR)
3. (b) Explique em pormenor os tipos de modos SSC. Com o procedimento de estabelecimento de sessão.

4. (a) Discutir pormenorizadamente o comando c o controlo.
(OR)
(b) Explique em pormenor o que é a partilha e a comercialização do espetro.

5. (a) (i) Quais são os desafios da rede 5G.
(ii) Mencionar os requisitos e serviços dos sistemas 5G.
(OR)
(b) Com um diagrama bem definido, explique o quadro de QoS baseado em fluxos.

Referências:

1. Redes centrais 5G: Powering Digitalization , Stephen Rommer, Academic Press,2019
2.
2. Uma introdução às redes sem fios 5G: tecnologia, conceitos e casos de utilização, Saro Velrajan, primeira edição, 2020.
3. 5G simplificado: ABCs das comunicações móveis avançadas Jyrki. T.J.Penttinen,Material protegido por direitos de autor.
4. Conceção do sistema 5G: An end to end Perspective , Wan Lee Anthony, Springer Publications,2019.
5. Comparação das redes sem fios 3G e das redes sem fios 4G, International Research Publication House
6. https://www.raconteur.net/technology/4g- vs-5g-mobile-technology
7. Estudos comparativos sobre a tecnologia sem fios 3G, 4G e 5G, IOSR Journal of Electronics and Communication Engineering (IOSR-JECE)
8. Estudo comparativo de 3G e 4G em tecnologia móvel, IJCSI International Journal of Computer Science

I want morebooks!

Buy your books fast and straightforward online - at one of world's fastest growing online book stores! Environmentally sound due to Print-on-Demand technologies.

Buy your books online at
www.morebooks.shop

Compre os seus livros mais rápido e diretamente na internet, em uma das livrarias on-line com o maior crescimento no mundo! Produção que protege o meio ambiente através das tecnologias de impressão sob demanda.

Compre os seus livros on-line em
www.morebooks.shop

info@omniscriptum.com
www.omniscriptum.com

Printed by Books on Demand GmbH, Norderstedt / Germany